中文版 Mastercam 2024
AI 辅助设计与编程 从入门到精通

黄建峰　高蕾娜　袁容　编著

机械工业出版社
CHINA MACHINE PRESS

本书在介绍 Mastercam 2024 的常用设计和数控加工功能的基础上，重点探讨了 AI 技术如何辅助和提升这些功能。

全书共 8 章，各章均深入分析了 AI 技术的应用，并以 Mastercam 2024 平台为基础，全面介绍了产品设计、模具拆模、2D 轴加工编程、3D 曲面粗加工和精加工、多轴加工、车削、线切割等设计与数控加工功能。同时，提供了全部案例的设计素材、最终效果、教学视频（扫码观看），以及授课用 PPT 等海量学习资源。

本书具有图文并茂、讲解层次分明、思维清晰、重/难点突出、技巧实用等特点，适合广大 CAD 工程设计、CAM 加工制造、模具设计人员以及一线加工操作人员与大中专院校相关专业的学生自学或作为教材使用，也可供加工制造和设计行业相关爱好者作为参考手册进行查阅。

图书在版编目（CIP）数据

中文版 Mastercam 2024 AI 辅助设计与编程从入门到精通／黄建峰，高蕾娜，袁容编著 . -- 北京：机械工业出版社，2024. 11. -- (CAD/CAM/CAE 工程应用丛书).
ISBN 978-7-111-76941-5

Ⅰ. TG659-39

中国国家版本馆 CIP 数据核字第 2024AJ0773 号

机械工业出版社（北京市百万庄大街 22 号　邮政编码 100037）
策划编辑：丁　伦　　　　　　责任编辑：丁　伦　李晓波
责任校对：王　延　丁梦卓　　责任印制：常天培
北京机工印刷厂有限公司印刷
2025 年 1 月第 1 版第 1 次印刷
185mm×260mm · 18. 25 印张 · 452 千字
标准书号：ISBN 978-7-111-76941-5
定价：99. 90 元

电话服务　　　　　　　　　　网络服务
客服电话：010-88361066　　机 工 官 网：www.cmpbook.com
　　　　　010-88379833　　机 工 官 博：weibo.com/cmp1952
　　　　　010-68326294　　金 书 网：www.golden-book.com
封底无防伪标均为盗版　机工教育服务网：www.cmpedu.com

Preface 前言

随着人工智能技术的不断发展和进步，其在制造业的应用也越来越广泛。作为 CAD/CAM 领域的重要代表，Mastercam 软件的相关研发工程师们也在积极探索如何利用 AI 技术提升模型设计和加工过程的效率与质量。在模型设计方面，AI 算法可以自动识别几何特征，辅助用户快速建立 3D 模型；基于历史模型库的智能推荐，可以提升设计效率；而基于仿真的智能优化，则可以提高模型的质量。在加工路径规划方面，强化学习算法可以优化加工路径，减少加工时间和刀具磨损；基于历史数据的智能推荐，可以提高加工方案的质量；实时监测和自动调整加工参数，则可以提高加工过程的稳定性。

此外，AI 技术还可以应用于 Mastercam 软件的故障诊断和智能优化领域。利用深度学习算法进行故障模式识别，结合基于专家经验的故障诊断推荐，可以帮助维修人员快速定位和解决故障。基于多目标优化算法，则可以在生产效率、加工质量和能耗之间实现平衡。

本书内容

本书以 Mastercam 2024 平台为基础，内容涵盖了 Mastercam 软件的基本操作、常用功能，以及如何利用人工智能技术优化建模设计流程和数控编程。

全书共 8 章，详细介绍了人工智能技术在数控加工工艺制定及铣削加工方面的实际应用。

- ☑ 第 1 章：初步探讨 Mastercam 2024 中 AI 辅助编程的方法，并讲解 Mastercam 的相关入门功能。
- ☑ 第 2 章：深入探讨在 Mastercam 中创建基础模型的方法和技巧，从 Mastercam 的几何绘图工具开始，介绍如何创建二维草图和三维实体模型。
- ☑ 第 3 章：将 AI 技术整合到 Mastercam 中，帮助用户更快速地创建复杂模型，优化一些刀具路径以提高加工效率，或者重新设计以满足特定需求。
- ☑ 第 4 章：详细探讨如何利用人工智能来辅助加工工艺的设计，包括讨论 AI 的基本原理，以及它如何被应用在加工工艺设计中。同时也展示了一些具体的例子，以说明 AI 在提高加工效率、降低成本、提高数控编程效率等方面的潜力。
- ☑ 第 5 章：介绍如何利用 AI 技术辅助 2D 平面铣削加工。讨论如何结合人工智能技术来优化和改进传统的 2D 平面铣削加工，如何对加工过程进行优化以提高加工效率和加工质量，并介绍一些常用的 AI 工具。
- ☑ 第 6 章：重点介绍 AI 工具在曲面铣削和多轴铣削加工中的实际应用。
- ☑ 第 7 章：介绍 AI 结合 Mastercam 进行钻削加工、车削加工、线切割加工等实际应用。
- ☑ 第 8 章：介绍的机床仿真是利用 Mastercam 的后置处理器对所编制的加工程序进行的一种机床模拟过程，从而达到与实际加工效果一致的要求，这样可以极大地提高生产效率。

本书特色

本书从软件的基本应用及行业知识入手，以 Mastercam 2024 软件应用为主线，以实例为导向，按照由浅入深、举一反三的方式，讲解造型技巧和规则刀具路径的操作步骤以及分析方法，使读者能快速掌握 Mastercam 2024 的软件造型设计和编程加工的思维与方法。

全书力求全面、深入、前瞻和实用，为广大 Mastercam 用户提供有价值的 AI 技术应用指导，助力制造业向智能化转型。本书主要特色如下。

- ☑ 全面涵盖 AI 技术在 Mastercam 软件各环节的应用，包括模型设计、加工路径规划、故障诊断和智能优化等。
- ☑ 系统梳理各个环节中 AI 技术的原理、方法和实现，为读者提供了全面的技术洞见。
- ☑ 深入分析 AI 技术如何提高 Mastercam 软件的建模效率、加工路径优化、故障诊断和参数优化等的性能。
- ☑ 阐述 AI 技术如何推动 Mastercam 软件向智能制造的方向发展。
- ☑ 提供大量 Mastercam 软件的实际应用案例，展示了 AI 技术在各环节的具体应用效果。
- ☑ 针对不同应用场景，给出详细的 AI 技术实施方案和操作指引，指导读者快速应用。

本书可以作为广大 CAD 工程设计，CAM 加工制造和模具设计人员以及一线加工操作人员的参考手册，也可以作为大中专院校机械 CAD、模具设计与数控编程加工等专业的教材。

本书由成都大学机械工程学院的黄建峰、高蕾娜和袁容老师共同编著。感谢您选择了本书，希望我们的努力对您的工作和学习有所帮助，也希望您把对本书的意见和建议告诉我们。

编　者

Contents 目 录

第 1 章

探索 Mastercam 中的 AI 辅助编程

随着科技的发展，Mastercam 也顺应当下形势引入了 AI 技术，旨在提高编程效率、优化工艺，并改善加工质量。本章将介绍人工智能在 Mastercam 编程中的具体应用。接下来会初步探讨 Mastercam 2024 中 AI 辅助编程的方法，并讲解 Mastercam 的基础功能。

 本章要点

- Mastercam 2024 编程软件及模块介绍。
- 人工智能概述。
- 打好 Mastercam 软件应用基础。

1.1 Mastercam 2024 编程软件及模块介绍

Mastercam 2024 是一款功能强大的计算机辅助设计（CAD）和计算机辅助制造（CAM）软件，广泛应用于计算机数控（CNC）编程和加工设计等方面。该软件提供了一系列模块和工具，使用户能够创建、编辑和优化数控程序，以便在 CNC 机床上加工零件。以下是 Mastercam 2024 的一般功能和特点。

- 多功能模块：Mastercam 2024 包括多个模块，涵盖了铣削、车削、线切割、雕刻等多种加工类型，以满足用户的各种制造需求。
- CAD 功能：内置 CAD 设计工具，支持二维和三维设计，允许用户创建和编辑零件。
- CAM 功能：提供了丰富的 CAM 功能，包括工具路径规划、刀具路径优化和加工策略设计等。
- 工艺优化：Mastercam 2024 允许用户优化工艺和加工过程，以确保最佳的切削方法和最高的效率。
- 仿真和验证：具备仿真功能，可以模拟数控机床的行为，帮助用户验证程序并避免错误。
- 智能工具路径生成：包含智能的工具路径生成功能，利用先进的算法和策略来提高加工效率。

1.1.1 CAD 功能模块

CAD 功能模块的主要功能及特点如下。

- 具有绘制二维图形及标注尺寸等功能，如图 **1-1** 所示。
- 可以创建三维线框图形，如图 **1-2** 所示。
- 提供图层的设定，可隐藏和显示图层，使绘图变得简单，并显示得更清楚。
- 提供字形设计，为各种标牌的制作提供了出色的方法。
- 可绘制曲线、曲面的交线，并进行图形的延伸、修剪、熔接、分割、倒直角、倒圆角等操作。

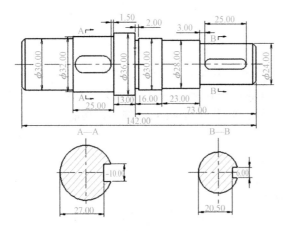

图 1-1　绘制的二维图形

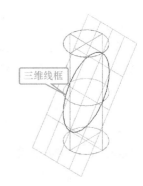

图 1-2　绘制的三维线框图形

- 可以构建实体模型、曲面模型等三维造型，如图 **1-3** 和图 **1-4** 所示。

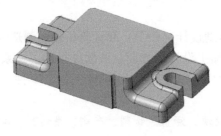

图 1-3　三维实体模型

图 1-4　三维曲面模型

- 可以进行模具拆模设计，包括模具分型面设计、模具镶件设计等，如图 **1-5** 所示。

图 1-5　模具拆模设计

1.1.2 CAM 功能模块

CAM 功能模块（机床铣削模块）主要功能及特点的介绍如下。

1. CAM 任务管理器

CAM 铣削加工的任务管理器可以把同一加工任务的各项操作集中在一起。管理器的界面很简练、清晰。在管理器中编辑、校验刀具路径也很方便。在操作管理器中，复制和粘贴相关程序相对直观且容易执行，如图 1-6 所示。

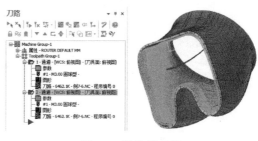

图 1-6 操作管理器

2. 刀具路径的关联性

在 Mastercam 系统中，挖槽铣削、轮廓铣削和点位加工的刀具路径与被加工零件的模型是相关且一致的。零件几何模型或加工参数被修改后，Mastercam 能迅速准确地自动更新相应的刀具路径，而无须重新设计和计算刀具路径。用户可以把常用的加工方法及加工参数存储于数据库中，以匹配存储于数据库的任务。这样可以大大提高数控程序设计的效率及计算的自动化程度。

3. 平面铣削、挖槽铣削、外形铣削和雕刻加工

Mastercam 提供了丰富多变的二维加工方式，如图 1-7 所示，可迅速编制出优质且可靠的数控程序，极大地提高了用户的工作效率，也提高了数控机床的利用率。

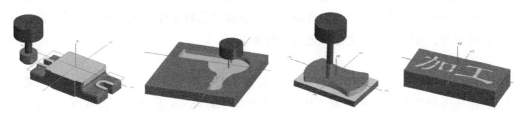

图 1-7 平面铣削、挖槽铣削、外形铣削和雕刻加工

- 挖槽铣削具有多种走刀方式，如标准、平面铣、使用岛屿深度、残料和开放式挖槽等。
- 挖槽铣削时的入刀方法有很多，如直接下刀、螺旋下刀、斜插下刀等。
- 挖槽铣削还具有自动残料清角功能，用于处理在挖槽铣削过程中未能完全去除的残料。

4. 三维曲面粗加工

在数控加工中，在保证零件加工质量的前提下，应尽可能提高粗加工时的生产效率。Mastercam 提供了多种先进的粗加工方式，包括平行粗切、投影粗切、挖槽粗切、残料粗切、钻削式粗切等，如图 1-8 所示。例如，在曲面挖槽时，Z 向深度进给确定后，刀具以轮廓或型腔铣削的走刀方式粗加工多曲面零件；在机器允许的条件下，可进行高速曲面挖槽。

5. 三维曲面精加工

Mastercam 有多种曲面精加工的方法，常见的精加工方式如图 1-9 所示。根据产品的形状及复杂程度，用户可以从中选择合适的方法。例如，比较陡峭的地方可以用等高外形的加

工方式；比较平坦的地方可以用曲面流线的加工方式；而形状特别复杂，不易分开时，可用环绕等距的加工方式。

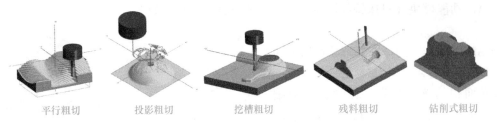

平行粗切　　投影粗切　　挖槽粗切　　残料粗切　　钻削式粗切

图 1-8　曲面粗加工方式

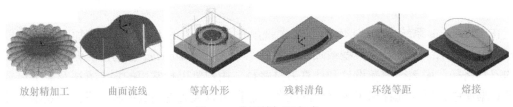

放射精加工　　曲面流线　　等高外形　　残料清角　　环绕等距　　熔接

图 1-9　曲面精加工方式

Mastercam 能用多种方法控制精铣后零件表面的光洁度。例如，用程式过滤中的设置及步距的大小来控制产品表面的质量。根据产品的特殊形状，如圆形，可用放射精加工走刀的方式（将刀具路径设置为由一中心点向四周散发的路径）加工零件。曲面流线走刀精加工的刀具沿曲面形状的自然走向产生刀具路径。用这样的刀具路径加工出的零件更光滑，某些地方余量较多时，可以设定一个范围进行单独加工。

6. 多轴加工

Mastercam 的多轴加工功能为零件的加工提供了更大的灵活性，应用多轴加工功能可以方便、快速地编制高质量的多轴加工程序。常见的 Mastercam 五轴铣削方式有：曲线五轴、通道五轴、沿边五轴、多曲面五轴、沿面五轴、旋转五轴、叶片五轴等，如图 1-10 所示。

曲线五轴加工　　通道五轴加工　　沿边五轴加工　　多曲面五轴加工

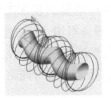

沿面五轴加工　　旋转五轴加工　　叶片五轴加工

图 1-10　多轴加工

1.1.3 熟悉 Mastercam 2024 的界面环境

Mastercam 2024 致力于满足用户需求，通过融合简单易用的软件操作和智能化的工作流程，将专业知识与先进技术相结合，塑造智能化、数字化的未来工作模式，帮助企业实现数字化重塑。

用户可以到 Mastercam 2024 的官网申请软件试用。软件安装完成后，在计算机桌面上双击软件图标，即可弹出软件启动界面，如图 1-11 所示。

程序检查完毕，将显示 Mastercam 2024 软件的界面，该界面包括上下文选项卡、功能区选项卡、状态栏、管理面板、选择条、绘图区等，如图 1-12 所示。

图 1-12 的界面中各组成部分的介绍如下。

① 上下文选项卡：提供快捷操作命令，用户可以定制上下文选项卡，将常用的命令放置在选项卡中。

图 1-11 软件启动界面

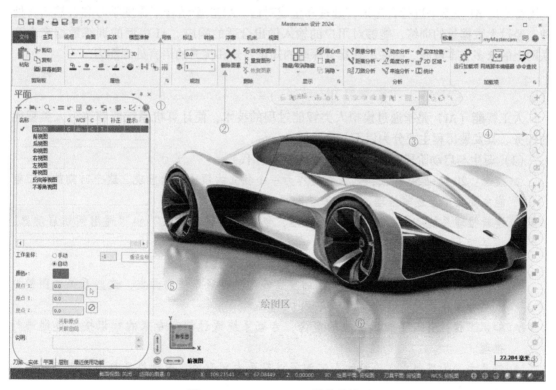

图 1-12 Mastercam 2024 软件的界面

② 功能区选项卡：功能区集合了 Mastercam 所有的设计与加工功能指令。根据用户设计需求的不同，功能区中放置了从草图设计到视图控制的命令选项卡，如【主页】选项卡、【线框】选项卡、【曲面】选项卡、【实体】选项卡、【模型准备】选项卡、【网格】选项卡、【标注】选项卡、【转换】选项卡、【机床】选项卡及【视图】选项卡等。

③ 上选择条：包含了用于快速、精确选择对象的辅助工具。

④ 右选择条：包含了很多用于快速、精确选择对象的辅助工具。

⑤ 管理面板：用来管理实体建模、工作平面创建、图层管理和刀具路径设置的面板。此管理面板可以折叠，也可以打开。当在功能区选项卡中执行某一个操作指令以后，会在管理面板中显示该指令的选项面板。

⑥ 信息提示栏：用来设置模型显示样式，或更改视图方向和工作平面的属性信息。

1.2 人工智能概述

人工智能（Artificial Intelligence，AI）辅助设计是指利用 AI 技术来增强、加速和改进设计过程的方法。随着技术的进步，AI 已经在各种设计领域得到了应用，包括加工制造、建筑装修、计算机辅助设计（CAD）和其他相关领域。

人工智能（AI）是一个宽泛的领域，涵盖了众多应用和技术，如图像和语音识别、机器学习和自动驾驶等。这一领域的发展结合了计算机科学、统计学、数学等多个学科的知识。例如，早期出现的人工智能语言大模型 ChatGPT 就是 AI 技术在对话系统中的实例，即利用特定的 AI 模型来进行自然语言处理和生成对话。AI 模型结合了深度学习和自然语言处理，经过大数据量的训练，能够对用户的输入做出合适的响应。AI 模型的训练数据来自互联网上的众多文本资源，确保了其具有深厚的知识背景和优秀的语言处理能力。

1.2.1 人工智能的未来发展趋势

人工智能（AI）是指通过模拟人类智能过程的技术，使计算机系统能够执行人类智能的任务。其发展历程主要分为以下几个阶段。

（1）诞生与启动阶段（20 世纪 50 年代—70 年代）

- 概念：20 世纪 50 年代，人工智能作为一个独立的领域开始出现。这个时期的人工智能主要集中于逻辑推理、专家系统和早期的机器学习概念。
- 逻辑推理系统：核心工作是逻辑推理，包括"逻辑理论家"和"通用问题启动器"等早期人工智能项目。

（2）知识表达与专家系统（20 世纪 70 年代—80 年代）

- 专家系统的兴起：这个时期，AI 的重点转向了专家系统的开发，这些系统试图模拟人类专家在特定领域的知识与决策过程。
- 知识工程：引入了知识工程的概念，专家系统通过储存专家的知识按照规则进行推理。
- 符号主义的兴起：本阶段的人工智能以符号主义为主，通过符号和规则表示知识和解决问题。

（3）进入冬眠期（20 世纪 80 年代末—90 年代初）

- AI 寒冬：20 世纪 80 年代末至 90 年代初，由于技术限制、投资缩减，陷入了所谓的"AI 寒冬"，导致许多人对 AI 的兴趣和投资减少。

（4）统计学习和机器学习的崛起（20 世纪 90 年代末至今）

- 统计学习方法：这个时期，机器学习和统计学习方法崭露头角，大数据和强大的计算能力推动了该方法的发展。

- 深度学习：通过神经网络的深度学习，AI 在图像识别、语音识别、自然语言处理等领域取得了重大突破。
- 应用扩展：AI 应用范围扩大，包括自动驾驶、医疗诊断、智能助手等领域。

（5）当前和未来

- 综合方法与人工智能应用：现在的人工智能发展已经走向了综合方法，结合了符号主义、统计学习和深度学习等多种方法，推动了人工智能在各个领域的应用。
- 伦理问题和可解释性：随着人工智能应用范围的扩大，伦理问题和可解释性等也变得更加重要。
- 未来展望：未来的人工智能可能继续深入各个领域，改变人们的生活和工作方式，但也需要密切关注伦理、隐私和社会影响等问题。

人工智能一直在不断发展，从最初的符号主义方法到今天的深度学习与综合方法，已经在各个领域得到广泛的实践和应用。

1.2.2 人工智能学习的主要内容

人工智能是一个很广的领域，涵盖了许多不同的概念、技术和应用。以下是人工智能学习的主要内容。

- 机器学习：算法和技术使计算机能够从数据中学习模式，做出预测或决策，而不用明确的编程指令。
- 深度学习：机器学习的一个分支，使用人工神经网络模拟人脑处理数据的方式，能够处理大量复杂的数据，并在图像识别、自然语言处理等领域表现出色。
- 自然语言处理（NLP）：研究计算机如何理解、处理和生成人类语言的技术，例如语音识别、文本分析和机器翻译等。
- 计算机视觉：涉及计算机如何理解图像和视频，包括图像识别、目标检测、图像生成等。
- 智能机器人：将人工智能技术应用于机器人，使其能够感知环境、做出决策和执行任务。
- 强化学习：一种机器学习类型，通过与环境的互动进行学习，达成最大化预期回报的目标。
- 专家系统：使用专业知识进行推理和决策的计算机系统。
- 数据科学：应用统计学和计算机科学技术，挖掘、分析和理解数据的过程。
- 人工智能伦理：研究人工智能在社会、道德和法律等方面的影响和应用。

近年来，随着技术的进步，人工智能（AI）在 Mastercam 中的应用也越来越广泛。以下是 AI 在 Mastercam 中的一些应用。

- 自动工具路径选择：AI 可以根据设计的几何形状和预定的制造参数自动选择最佳的工具路径策略。
- 自动工具选择：AI 可以根据材料类型、加工要求和机床能力等自动推荐最佳的刀具和刀具参数。
- 预测和优化：AI 可以预测加工过程中可能出现的问题，如刀具磨损、振动等，并自动调整参数以优化加工效果。
- 模拟和验证：使用 AI 进行加工模拟可以更准确地预测加工结果，减少试切次数和材料浪费。

- 自动特征识别：AI 可以自动识别 CAD 模型中的特定几何特征，如孔、凹槽、螺纹等，并自动生成相应的工具路径。
- 自适应加工：AI 可以实时监控加工过程，根据实际情况自动调整刀具路径和参数，以实现更高的加工效率和质量。
- 智能学习：Mastercam 可以通过 AI 来学习用户的操作习惯和偏好，提供个性化的工具路径建议和优化建议。
- 故障诊断和预测：AI 可以实时监控机床的状态，预测和诊断故障，提前提醒用户进行维护。
- 智能云平台：Mastercam 可以与云平台集成，使用 AI 来分析大量的加工数据，为用户提供更准确的加工建议和优化策略。
- 语音和图像识别：用户可以通过语音或图像与 Mastercam 交互，AI 可以识别用户的指令，自动执行相应的操作。

1.2.3　常见的人工智能工具

目前，国内外针对行业应用而开发的人工智能语言大模型主要有 5 种：文本聊天（或语音聊天）对话模型、文生图模型、图生图模型、文生 3D 模型及图生 3D 模型。这些 AI 模型也称为 AI 生成式模型。

1. AI 语言聊天

现今的纯文本语言聊天 AI 模型（此"模型"非三维软件中创建的 3D 模型）有 ChatGPT、通义千问、百度文心一言、腾讯混元 AI 大模型（微信小程序"腾讯混元助手"）、360 智脑 AI 3.0 版等。

很多 AI 模型完成版本升级后，除了语言聊天功能之外，还带有文生图功能。这一类 AI 模型的典型代表有 ChatGPT、微软必应 AI 聊天、谷歌 Bard AI 模型、百度文心一言 4.0（图 1-13）、360 智脑 AI 4.0 版等。

图 1-13　百度文心一言 4.0 交互式界面

2. AI 图像生成

AI 图像生成功能是指使用人工智能技术，特别是深度学习和生成对抗网络（GAN）等方法，生成逼真的图像。这些技术能够从头开始创建图像，模仿现实，或者改进、合成现有的图像。AI 图像生成功能在工业设计和制造领域的应用前景非常好，可有效提升工作效率并减轻设计师的工作负担。

AI 语言聊天模型也有文生图功能，但生成的都是比较基础的图像，图像精度和生成效果也不理想。所以许多 AI 模型企业单独开发出了强大的 AI 绘图功能，比如 Open AI 的 DALL-E3、Midjourney、百度文心一格、阿里的通义万相、360 鸿图及其他小型 AI 绘图平台等。图 1-14 为通义万相 AI 绘图平台。

图 1-14　通义万相

除了上述的通用性 AI 大模型外，还有很多行业应用的 AI 模型，比如可以帮助建筑设计师生成建筑效果图的 Veras、Varys、LookX、Stable Diffusion 等 AI 模型；可以帮助产品设计师生成效果图的 Vizcom 模型；可以帮助插画设计师的 Playground AI 模型等。

3. AI 三维模型生成

通过人工智能生成三维模型是重大的 AI 科技进步，在未来也是重要的发展方向。正因为 AI 生成三维模型的难度极大，所以目前能够生成三维模型的 AI 智能工具都还在不断进步的过程中，而得到的三维模型仅仅是表面模型，即这种网格模型的表现效果和精度达不到实际设计标准，还得设计师后期进行处理。

现今能够生成三维模型的 AI 智能工具相对较少，不过，诸如 Kaedim、ZoeDepth、CSM AI、Meshy 等 AI 模型深受用户的喜爱。

图 1-15 为三维模型生成工具 Meshy 的网页端界面。

图 1-15　Meshy 界面

4. 工业应用 AI 大模型

如今，国内 AI 大模型已经全面应用到各行各业中，其中比较著名的有华为盘古大模型、百度 AI 大模型、通义 AI 大模型等。而华为盘古大模型更是其中的翘楚。

工业应用 AI 大模型通常不向个人用户开放，仅仅开放给企业用户。以华为盘古大模型为例，华为盘古大模型是面向行业的大模型系列，具有"5+N+X"三层架构，如图 1-16 所示。从 AI 能力的基础层到行业的第二层再到应用层，面向场景的各个接口，华为持续深耕并打造了新的竞争力。

图 1-16　华为盘古大模型

- 第一层：即 L0 层，是盘古的 5 个基础大模型，包括自然语言大模型、视觉大模型、多模态大模型、预测大模型、科学计算大模型等，它们提供满足行业场景的多种技能。

- 第二层：即 L1 层，包含许多行业大模型，既可以提供使用行业公开数据训练的行业通用大模型，包括政务、金融、制造、矿山、气象等领域大模型；也可以基于行业客户的自有数据，在盘古的 L0 和 L1 上为客户训练自己的专有大模型。
- 第三层：即 L2 层，是为客户提供更多细化场景的模型，它更加专注于某个具体的应用场景或特定业务，为客户提供开箱即用的模型服务。

1.3　打好 Mastercam 软件应用基础

在学习 Mastercam 的基本绘图和编程技能之前，新用户要熟悉 Mastercam 的一些常规操作，以便能轻松学习并掌握 Mastercam。

1.3.1　图素的一般选择方法

图素全称图形元素，或叫图元，是指模型环境中构成实体模型的点、线、面、实体及基准等几何对象。

选择图素是软件最基本的操作，对图素执行操作之前必须要选择图素，因此，快速而准确地选择图素就显得非常必要。随着绘图区叠加的图素越来越多，要在繁多的图素中选择想要的图素并不那么容易，一旦掌握了选择的方法，选择图素就变得容易多了。Mastercam 图素的选择工具在上选择条和右选择条中。

1. 临时选择

上选择条中的选择工具主要用于建模过程中的临时选择，是一种手动选择图素对象的工具。默认状态下上选择条中的临时选择工具，如图 1-17 所示。

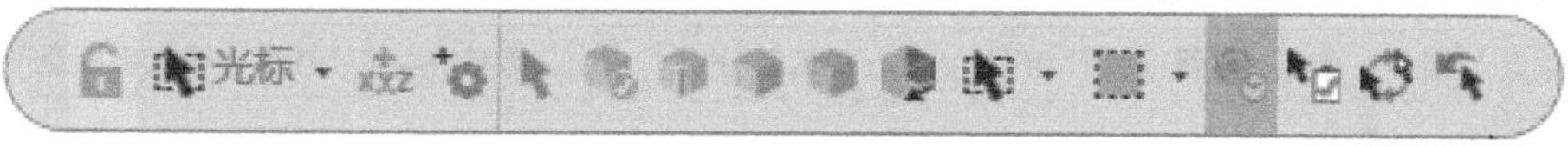

图 1-17　上选择条中的临时选择工具

临时选择工具主要分为锁定点（或称捕捉点）和实体选择。接下来一一介绍这些工具的实际用法。

（1）锁定点

用户在绘制草图（线框）或曲面、实体建模过程中，经常会参考一些点进行精确定位。利用光标捕捉已有曲线、面或实体上的点的过程叫锁定点。

- 切换光标锁定点🔓：在【线框】选项卡中执行某个绘图命令后，可以单击此按钮，忽略【选择】对话框中自动锁定点的选择设定，而仅以【光标锁定】下拉列表中的锁定点类型进行点的捕捉。
- 【光标锁定】下拉列表 📷光标 ▾：在【光标锁定】下拉列表中可以任选一种锁定点类型，以便使光标靠近几何对象时检测并捕捉到点。【光标锁定】下拉列表中的锁定点类型如图 1-18 所示。

- 【输入坐标点】 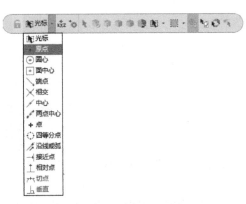：除了采用"光标锁定"的方法捕捉到点，用户绘图时还可以输入精确坐标值来确定点的位置。单击【输入坐标点】按钮，绘图区左上角就会弹出坐标值输入文本框，输入二维坐标（如 0，0）或三维坐标（如 0，0，0）即可确定点位置。
- 选择设置：单击此按钮，将弹出【选择】对话框。在该对话框中可以设定自动锁定点选项、快速抓点模式及快捷键启用，如图 1-19 所示。

图 1-18　锁定点类型　　　　　　　图 1-19　【选择】对话框

技术要点　　在绘图过程中也可以启用快捷键命令，即快速执行【光标锁定】下拉列表中的某几个锁定点命令来快速捕捉到点。比如，执行某一个绘图命令后，按以下快捷键可以快速锁定点，见表 1-1。

表 1-1　对应功能

快捷键	O	C	E	G	I	M	Q	P	N	空格键
功能	原点	圆心	端点	沿线或弧	相交	中心	四等分点	点	临时中心点	打开"输入坐标点"文本框

(2) 实体选择

实体选择包括实体面、实体边及实体的选择。只有在【实体】选项卡和【建模】选项卡中执行某个工具命令后，才能使用实体选择工具。

- 【标准选择】：标准选择模式仅能选择实体面和实体主体。【标准选择】模式的用法是：在【实体】选项卡中单击【由曲面生成实体】按钮后，在上选择条中单击【选择实体】按钮，由【选择实体】模式切换到【标准选择】模式，此时就可以在绘图区中选择实体面或实体主体了。

- 【选择实体】：【选择实体】模式可以选择实体（由曲面缝合而成的实体），也是默认的选择模式。执行【由曲面生成实体】命令，即可选择实体对象，如图 1-20 所示。

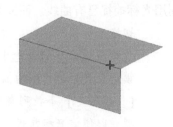

图 1-20　选择实体

- 【选择实体边】：当执行需要选取实体边作为参考的相关命令时，可以利用此选择模式来选取实体对象上的边。例如，在【建模】选项卡【建模编辑】面板中单击【推拉】按钮后，上选择条中的【选择实体边】按钮会自动亮显（被自动激活），然后就可以选取实体的边作为推拉参考了，如图 1-21 所示。

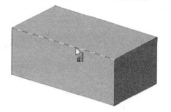

图 1-21　选择实体边

- 【选择实体面】：当需要选取实体面作为参考时，可以单击【选择实体面】按钮来开启或关闭【选择实体面】选择模式。

- 【选择主体】：开启此选择模式，可以选取主要参考对象（目标主体）。例如，在【实体】选项卡中单击【布尔运算】按钮，上选择条中的【选择主体】按钮会自动亮显（被自动激活），此时可以选取目标主体和目标工具体来操作布尔运算，如图 1-22 所示。

选择主体　　　　　　　选择工具体　　　　　　　布尔结合

图 1-22　布尔运算操作

- 【选择背面】：利用此选择模式，可以选择实体中隐藏的表面。当需要选取背面作为参考时，可以使用此选择模式。例如，在【线框】选项卡中单击【已知点画圆】按钮，接着在上选择条的【光标锁定】列表中选择【面中心】锁定点类型，再单击【选择背面】按钮，此时可选取实体背面的中心点作为圆的圆心，如图 1-23 所示。

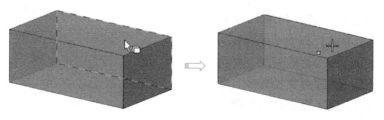

图 1-23　选择背面锁定面中心

> **提示** |||
>
> 以上几种实体选择模式有时会在执行某种实体命令后所弹出的对话框中出现。比如，在【实体】选项卡中单击【固定半倒圆角】按钮🟦，会弹出【实体选择】对话框，如图 1-24 所示。对话框中列出了 3 种实体选择模式。
>
>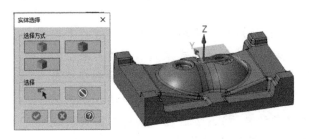
>
> 图 1-24 【实体选择】对话框中的实体选择模式

- 临时中心点🔵：选择图素后，单击此按钮可以为基准位置创建临时中心点。此按钮仅在提示选择原点位置的功能时可用。
- 【选择验证】🔍：当模型环境中有许多实体对象时，可以单击此按钮，然后在实体上单击鼠标打开【验证】对话框，接着在其中循环浏览图形窗口中的图素对象，直到找到要选择的图素（如选择一个圆形），如图 1-25 所示。
- 【反选】🔄：反向选择未被选中的其他图素（除圆形之外的其他图素），如图 1-26 所示。

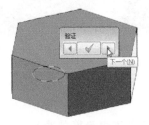

图 1-25 选择验证

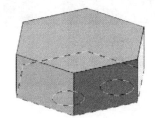

图 1-26 反选

- 【选择最后】🔲：单击此按钮，可将最后一次选中的图素对象再次选中。

(3)【选择方式】列表🔳

此列表中的选择方式为图素对象（包括点、线/边、实体面及实体等）的选择方式，包括 7 种选择方式，如图 1-27 所示。此实体【选择方式】列表中的选择方式工具主要是在执行命令之前使用。实体选择方式仅在绘图区图素对象比较少且单一的情况下才使用，反之则使用右选择条中的快速蒙版选择工具。

图 1-27 实体选择的 7 种方式

- 自动：默认选择方式是光标单击选取，称为"自动"。应用于单个图素对象的选取，如图 1-28 所示。
- 串连：此方式以选取实体的某一个完整的、封闭的边界链来表示实体被选取，如图 1-29 所示。

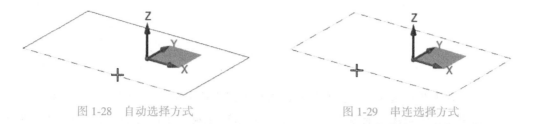

图 1-28　自动选择方式　　　　　　　　　图 1-29　串连选择方式

- 窗选：使用绘制矩形窗口区域（完全包容图素）的方法来选取图素对象，如图 1-30 所示。
- 多边形：使用绘制多边形窗口区域的方法来选取图素对象，如图 1-31 所示。

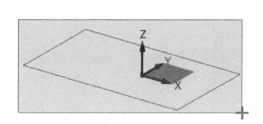
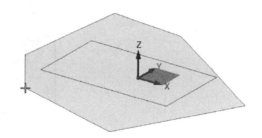

图 1-30　窗选选择方式　　　　　　　　　图 1-31　多边形选择方式

- 单体：单体选择一次只选取一个图素，如果选取的图素比较多，使用此方法就会费时费力。但是在一些特殊情况下，如多个图素相连并相切时，如若用户只需要选取某一个单独的图素，就可以采用单体选择方式。
- 区域：区域选择方式是在封闭区域内通过单击来选取图素的方式，区域外的则不被选中，如图 1-32 所示。

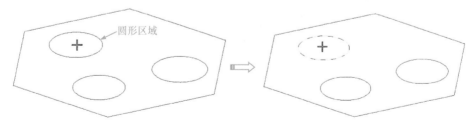

图 1-32　区域选择方式

- 向量：向量选择方式是以绘制向量（包括起点和向量直线）来覆盖图素对象的快速选择方式。向量所经过的图素会被选中，没有经过的图素不会被选中，如图 1-33 所示。向量可以连续绘制。

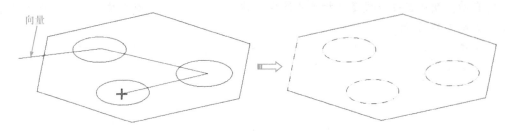

图 1-33　向量选择方式

技术要点　　以上几种选择方式，有时会出现在执行某项命令后的对话框中。例如，在视图中已经绘制线框的情况下，单击【实体】选项卡中的【拉伸】按钮，将弹出【线框串连】对话框。对话框中的【选择方式】选项组中就包含了以上介绍的几种选择方式，如图 1-34 所示。

图 1-34　【线框串连】对话框

（4）窗选的对象确定方式

在上选择条的【窗选】选择方式下拉列表中，包含几种窗选的对象确定方式，如图 1-35 所示。

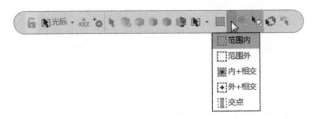

图 1-35　窗选的对象确定方式

- 范围内：选择此方式，当在实体【选择方式】列表中选择【窗选】选择方式并在绘图区中选取了图素对象后，窗选区域内的图素对象被选中。
- 范围外：选择此方式，当在实体【选择方式】列表中选择【窗选】选择方式并在绘图区中选取了图素对象后，窗选区域外的图素对象被选中。

- 内+相交：选择此方式，窗选区域内和与区域相交的图素均被选中。
- 外+相交：选择此方式，窗选区域外和与区域相交的图素均被选中。
- 交点：选择此方式，仅与窗选区域相交的图素被选中。

2. 快速蒙版

快速蒙版的选择方法是通过设置一定的限定条件，根据限定条件来选取某一类的图素，此方法适合绘图区中图素非常多的情况。快速蒙版选择工具不仅可以针对几何对象进行快速选择，还可以通过在模型环境中创建的群组、颜色、层别等特性来快速选择对象。

Mastercam 的快速蒙版工具垂直对齐在图形窗口的右选择条中，如图 1-36 所示。用户只需单击鼠标即可控制实体蒙版。每个快速蒙版工具按钮都有两个功能，具体取决于用户单击按钮的左半部分还是右半部分。快速蒙版工具是自动选择图素的高效选择工具，具有统一性，无须用户手动添加或移除一些不需要的对象。

快速蒙版工具分为两类：限定全部（单击按钮的左半部分）和限定单一（单击按钮的右半部分）。

（1）限定全部

限定全部是选取某一类型的所有图素，类型可以是点、线、面、体，也可以是颜色的某一种，还可以是通过转换的结果或群组等。因此，在很多场合，这种选择方式非常有效且快捷，能避免因图素多而产生的干扰。

除了单击右选择条中的快速蒙版按钮来选择对象，还可以单击【限定选择】按钮，在弹出的【选择所有--单一选择】对话框中来快速选择，如图 1-37 所示。

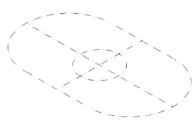

图 1-36　快速蒙版工具按钮　　　　　　　　图 1-37　限定全部

（2）限定单一

限定单一是选择具备一类特征的类型，然后再到绘图区去选。与限定全部的区别是，限定全部是选取具备该条件的所有图素，而限定单一可以选取具备该条件的某一部分或全部图素，选择方式更加灵活，而且可以选择多个条件，如图 1-38 所示。

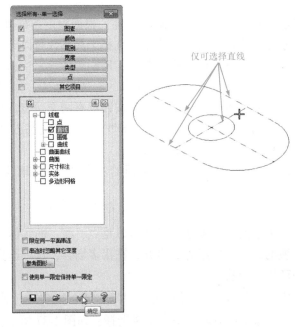

图 1-38　限定单一

1.3.2　认识操作管理器面板

绘图区窗口左侧的管理器是用来管理实体建模、绘图平面创建、层别管理和刀具路径设置的面板。

实体模型创建完成后，【实体】管理器面板的特征树中会列出创建实体所需的特征及特征创建步骤，如图 1-39 所示。

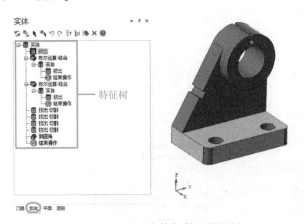

图 1-39　【实体】管理器面板

在管理器底部单击【刀路】【实体】【平面】及【层别】等标签按钮，可切换操作面板。

特征树顶部的选项能用来操作特征树中的特征对象，各选项含义如下。

- 重新生成选择 ：在特征树中双击选择一个特征进行编辑后，在绘图区中选取整个模型，再单击此按钮会将特征编辑后的效果更新到整个模型，如图 1-40 所示。

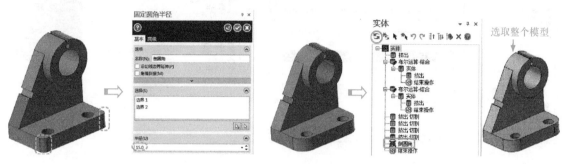

图 1-40 　重新生成选择

- 重新生成 ：当对特征树中单个或多个特征对象进行编辑后，单击此按钮，则无需到绘图区中选取模型对象，即可直接将结果更新到整个模型。
- 选择 ：如果在特征树中不容易找到要编辑的特征，可以单击【选择】按钮 ，然后在模型中直接选取要编辑的特征面，此时会将选取的特征面反馈到特征树中，且该特征会高亮显示。
- 选择全部 ：单击此按钮，将会自动选中特征树中所有的特征。
- 撤销 ：单击此按钮，可撤销前一步的特征编辑操作。
- 重做 ：单击此按钮，可恢复前一步的特征编辑操作。
- 折叠选择 ：单击此按钮，将折叠特征树中所有展开的特征细节。
- 展开选择 ：单击此按钮，将展开特征树中所有折叠的特征细节。

- 自动高亮 ：在特征树中选取要编辑的特征，然后单击此按钮，可在模型中高亮显示此特征，如图 1-41 所示。
- 删除 ：在特征树中选择要删除的特征后，单击此按钮，即可立即删除该特征。
- 帮助 ：单击此按钮，将跳转到帮助文档（英文帮助文档）中介绍【实体】管理器面板的页面中，如图 1-42 所示。

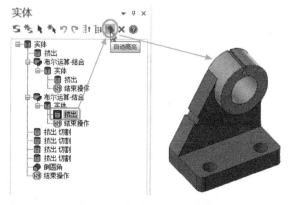

图 1-41 　自动高亮显示特征

在特征树中单击鼠标右键，会弹出右键菜单，如图 1-43 所示。通过该右键菜单，可以执行相关的实体、建模及特征树操作命令。

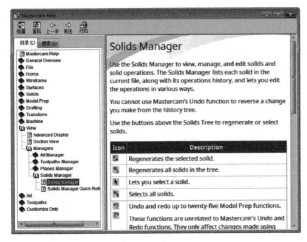

图 1-42　帮助文档　　　　　　　　　　图 1-43　特征树的右键菜单

管理器中的操作面板（如【实体】面板、【平面】面板等），可以通过【视图】选项卡中【管理】面板的各管理工具来显示或关闭。

1.3.3　视图的缩放、旋转与平移操作

视图的缩放、旋转与平移操作是为了让用户通过不同的角度观察到模型的整体与细部结构情况。视图的操作可以通过【缩放】面板中的工具来进行，也可以通过键盘快捷键来操作。

1. 视图的缩放

视图的缩放分定向缩放和自由缩放。定向缩放需使用【视图】选项卡中【缩放】面板的视图操控工具来完成。自由缩放则需使用鼠标键功能来完成。

- 适度化缩放 ⊞（Alt+F1）：单击此按钮，可在视图中最大化地显示完整模型，如图 1-44 所示。

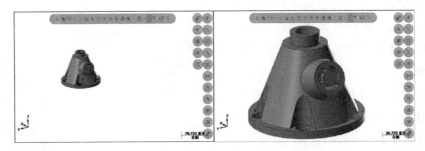

图 1-44　适度化缩放

- 指定缩放 ：当视图中有许多实体图素时，可以先在视图中选取某一个实体图素，然后单击【指定缩放】按钮 ，将其最大化地显示在视图窗口中，如图 1-45 所示。

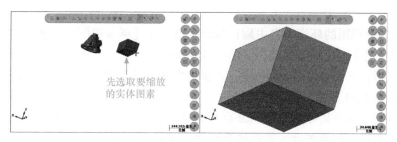

先选取要缩放
的实体图素

图 1-45　指定缩放

- 窗口放大 🔍（F1）：可以在想要局部放大的位置绘制一个矩形区域，系统会通过绘制的矩形区域按比例放大视图，如图 1-46 所示。

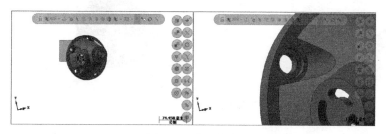

图 1-46　窗口放大

- 比先前缩小 50% 🔍（F2）：单击此按钮，视图将缩小 50%，如图 1-47 所示。

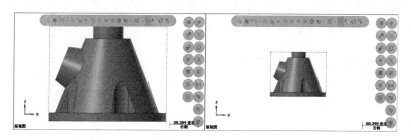

图 1-47　缩小 50%

- 缩小至 80% 🔍（Alt+F2）：单击此按钮，可将视图缩放至原来的 80%，如图 1-48 所示。

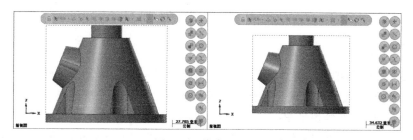

图 1-48　缩小至 80%

- 自由缩放：滚动鼠标滚轮（中键滚轮），可以自由缩放视图。视图缩放的基点就是光标位置。

2. 视图的旋转与平移

视图的旋转分视图的环绕和自由翻转两种状态。在【屏幕视图】面板中，使用【旋转】工具可以按照自定义的旋转角度绕指定的坐标轴旋转。

- 环绕视图：按下 Ctrl+鼠标中键，视图将在平面内环绕屏幕（视图窗口）中心点旋转，如图 1-49 所示。
- 自由翻转：按下鼠标中键可以自由翻转视图，默认的旋转中心就是屏幕中心点。如果需要自定义旋转中心，可以把光标放置于将作为旋转中心的位置处，按下鼠标中键停留数秒，即可在新旋转中心位置自由翻转视图，如图 1-50 所示。

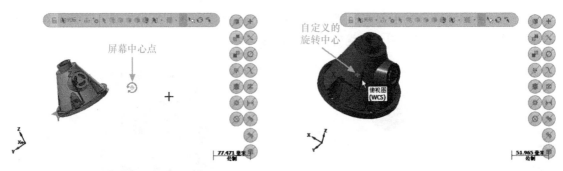

图 1-49　环绕视图　　　　　　　　　　图 1-50　自由翻转视图

- 绕轴旋转：在【屏幕视图】面板中单击【旋转】按钮 ，弹出【旋转平面】对话框。在对话框中【相对于 Y】的数值框中输入"90"，单击【确定】按钮 后，视图绕 Y 轴旋转 90 度，如图 1-51 所示。

图 1-51　绕轴旋转

提示

　　"绘图区""视图窗口"与"屏幕"其实指的是同一个区域。但为什么会出现不同的叫法呢？"绘图区"是工作区域，包含了空间与平面，一般在三维建模、数控加工或进行模具设计时会描述"在绘图区中……"。"视图窗口"具体指某个视图的界面窗口，一般在绘制线框时会描述"在 XX 视图窗口中绘制……"或"在 XX 视图中绘制……"。"屏幕"本意是指计算机屏幕，在软件中主要是指模型视图显示在计算机屏幕中并与屏幕共面，一般在描述视图旋转的中心点时才引用。

　　关于视图旋转的控制和鼠标中键滚轮的作用，可以在【系统配置】对话框中进行设置。在【文件】的菜单中执行【配置】命令，即可打开【系统配置】对话框，如图 1-52 所示。

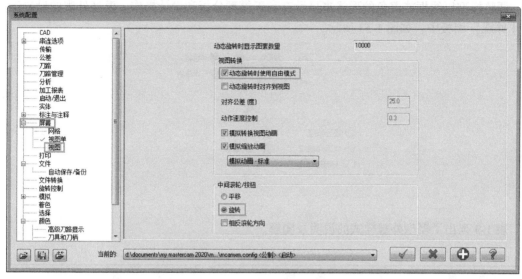

图 1-52　【系统配置】对话框

1.3.4　创建定向视图

　　定向视图就是定向到某一个正向视图或等轴测视图。Mastercam 包含 6 个基本的正向视图和 3 个等轴测视图。

　　表 1-2 列出了【屏幕视图】面板中各定向视图命令的图标与说明及图解。

表 1-2　定向视图命令的图标与说明及图解

图标与说明	图　解	图标与说明	图　解
前视：将零件模型以前视图显示		仰视：将零件模型以上视图显示	
后视：将零件模型以后视图显示		俯视：将零件模型以下视图显示	
左视：将零件模型以左视图显示		等轴测：将零件模型以西南等轴图显示	
右视：将零件模型以右视图显示		反向等轴测：将零件模型以东南等轴测图显示	
不等角轴测：将零件模型以左右二等角轴测图显示		绘图平面：正向于当前的工作视图平面	

1.3.5 设置模型外观

调整模型以线框或着色的形式来显示有利于模型分析和设计操作。模型外观的设置工具在【外观】面板中，如图 1-53 所示。

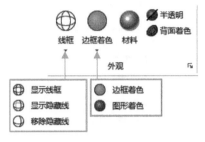

图 1-53　模型外观设置工具

表 1-3 列出了模型外观样式的说明及图解。

表 1-3　模型外观样式的说明及图解

图　标	说　明	图　解
边框着色	对模型进行带边线上色	
图形着色	对模型进行上色	
移除隐藏线	模型的隐藏线不可见	
显示隐藏线	模型的隐藏线以细虚线表示	
显示线框	模型的所有边线可见	
材料	仅当在【主页】选项卡【属性】面板中使用【设置材料】工具对模型应用材质后，此外观才可用。在着色模式状态中显示模型材质	
半透明	仅当在边框着色和图形着色模式下才可用。可使模型呈半透明显示	
背面着色	在着色状态下，可使曲面背面（反面）着色。默认情况下，曲面正面与反面的颜色是一致的	正面　⇨　反面

在【外观】面板右下角单击【着色选项】按钮 ，弹出【着色】对话框。通过该对话框，可以设置模型的不透明度、隐藏边线显示、网格等外观参数及选项，如图 1-54 所示。

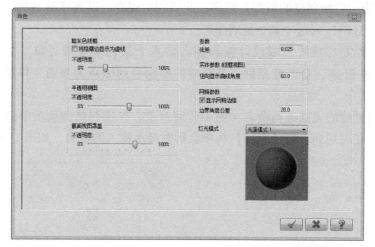

图 1-54　【着色】对话框

1.3.6　Mastercam 的层别管理

层别（图层）是 Mastercam 向用户提供的一个管理图形对象的工具。用户可以根据层别对图形的填充、文字、标注等进行归类处理，并使用层别来管理它们，不仅能使图形的各种信息清晰、有序、便于观察，而且也会给图形的编辑、修改和输出带来很大的便利。层别相当于图纸绘图中使用的重叠图纸，如图 1-55 所示。

> **提示**
>
> 无论是何种平面软件或三维设计软件，都有"层别"这种系统工具。只不过在其他软件系统中，层别称为"图层"。

层别的作用不仅于此，在模具设计时，还能用来分层管理构成模具的各组成结构和模具系统。Mastercam 的层别创建与工具管理在【层别】管理器面板中进行，如图 1-56 所示。

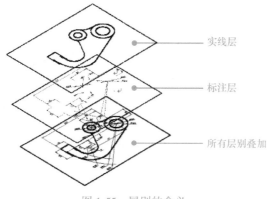

图 1-55　层别的含义

图 1-56　【层别】管理器面板

1. 创建与使用层别

在【层别】管理器面板中，默认层别与新建的层别都在层别列表中显示。在激活的层别前显示 ✔，表示后续创建的模型几何将在此层别中保存。若要选择其他层别作为当前的工作层别，在"号码"列选中某个层别即可。

一般来讲，绘制二维线框或设计模具都需要多个层别来管理对象。在工具栏中单击【添加新层别】按钮 ➕，会新建层别，且新建的层别自动激活为当前工作层别，如图 1-57 所示。

用户可以为创建的层别进行命名，便于管理对象。在层别属性选项中的【名称】文本框内输入层名，在层别列表的【名称】列中会即时显示输入的层名，如图 1-58 所示。

图 1-57　新建层别

图 1-58　为层别命名

2. 将图素转移到层别（分层）

如果绘图或模具设计前没有建立层别，那么所创建的图素对象将默认保存在仅有的层别 1 中。为了便于管理不同的图素对象，需要进行分层操作。

分层的操作步骤如下。

1）在默认的层别 1 中绘制图 1-59 的图形。

2）在绘图区中选中圆（粗实线）。

3）在【主页】选项卡的【规划】面板中单击【更改层别】按钮 ，弹出【更改层别】对话框，如图 1-60 所示。

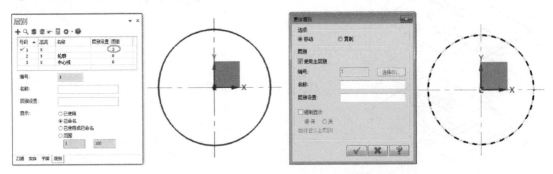

图 1-59　绘制图形　　　　　　　　　图 1-60　【更改层别】对话框

- 移动：选中此单选选项，将选取的图素移动到其他层别。
- 复制：选中此单选选项，将选取的图素复制到其他层别，且保留原图素。
- 使用主层别：勾选此复选框，选取的图素移动到当前工作层别。
- 编号：取消【使用主层别】复选框的勾选，输入要转移的层别号码。输入"2"并按 Enter 键，将会移动图素到层别 2 中。
- 选择：也可以单击【选择】按钮，在弹出的【选择层别】对话框中选择要转移的层别，如图 1-61 所示。
- 名称：在文本框内可以输入层别的新名称。
- 层别设置：用来描述层别的用途。也可在层别属性选项中设置。
- 强制显示：控制层别中的图素是否强制显示。选择【开】选项，将强制显示；选择【关】选项，将关闭所有层别中图素的显示。要想让关闭的图素重新显示，需要在【层别】管理器面板底部的层别属性选项中输入图素所在的层别号"1"，单击 Enter 键确认后可重新显示。

4）单击【更改层别】对话框中的【确定】按钮 ，选取的圆会被转移到层别 2 中，如图 1-62 所示。同理，将中心线转移到层别 3 中。

图 1-61　选择要转移的层别

图 1-62　完成图素转移后的层别列表

1.3.7　绘图平面与坐标系的作用

在 Mastercam 中绘制图形或创建模型特征时，需要建立平面参考与坐标系参考，用作草图放置、视图定向、矢量参考、特征定位及定形的参考等。这个平面参考称为绘图平面或平面。所有平面都是相对于工作坐标系（WCS）定义的。

用户可以通过【平面】管理器面板来创建或操作，如图 1-63 所示。

1. 利用基本视图作为绘图平面

通常，在三维软件（如 UG、Creo、Solidworks 等）建模过程中，会把 6 个基本视图所在的平面（Mastercam 中简称为"视图平面"）作为绘图平面进行操作，这 6 个基本视图平面常称为"基准面"或"基准平面"。在 Mastercam 中虽然没有"基准面"或"基准平面"的叫法，但由于所有三维软件中有此通用功能，为了便于用户融会贯通地学习，有必要了解这一叫法。

（1）绘图平面列表

绘图平面列表中列出了所有可用绘图平面，如图 1-64 所示。

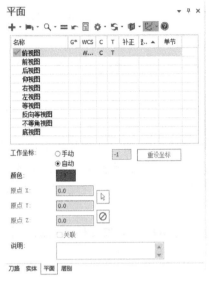

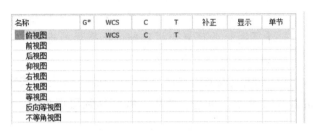

图 1-63 【平面】管理器面板　　　　　图 1-64　绘图平面列表

列表中的列标题含义如下。

- 名称："名称"列是所有默认的绘图平面或自定义绘图平面的名称。自定义绘图平面的名称可以重命名。
- G：有此标记说明当前平面不仅是绘图平面，还将当前平面指定为 Gview（视图平面）。如果是自定义的绘图平面，在绘图区中右击坐标系并选择【屏幕视图】菜单命令，可定向到自定义的绘图平面视图，如图 1-65 所示。

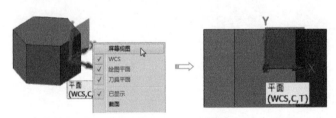

图 1-65　定向到自定义的绘图平面视图

- WCS：该列用来确定所选平面是否对齐到 WCS 坐标系。在 WCS 列中任意单击某一视图平面行，可将该视图平面设为绘图平面并对齐到 WCS。
- C：当指定某个视图平面为当前绘图平面（Cplane）时，该视图平面会显示 "C" 的标记。未定义为绘图平面的平面则不会显示此标记的。在标记旁单击 ▲ 按钮，可将作为绘图平面的视图平面自动排序到第一行。
- T：该标记表示当前平面是工具平面（Tplane），即刀具加工的二维平面（CNC 机床的 XOY 平面）。
- 补正："补正"列显示在平面属性选项中手动设定的加工坐标的补正值，如图 1-66

所示。"补正"与"偏移"同意义。

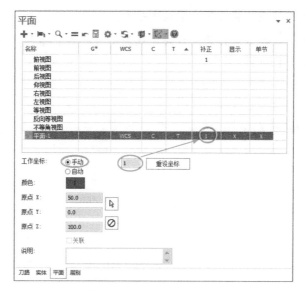

图 1-66　手动设定补正值

- 显示：此列显示的 **"X"** 标记表示在绘图区中与绘图平面对齐的坐标系（指针）已经显示。如果没有显示坐标系，那么【显示】列将不会显示 **"X"** 标记。
- 单节：此列中显示的 **"X"** 标记表示当前绘图平面已作为截面，可以创建截面视图。反之，没有此标记则说明当前绘图平面没有设定为截面。

（2）平面工具栏

在【平面】管理器面板工具栏中的工具命令用来操作管理器面板，各工具命令含义如下。

- 创建新平面 ➕：单击此按钮，展开创建新平面的命令列表。通过创建新平面的命令列表，用户可以指定任意的平面、模型表面、屏幕视图、图素法向等来创建绘图平面。
- 选择车削平面 ▶：单击此按钮，展开车削平面列表，如图 1-67 所示。根据从列表中选择的车床坐标系选择或创建新平面。使用车床时，可以将施工计划定向为半径（X/Z）或直径（D/Z）坐标。
- 找到一个平面 🔍：单击此按钮，展开"找到一个平面"列表，如图 1-68 所示。从列表中选择选项来寻找并高亮显示视图平面。此功能等同于在视图列表中手动选择视图平面。

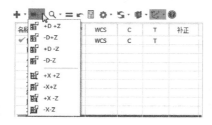

图 1-67　【选择车削平面】列表

图 1-68　【找到一个平面】列表

- 设置绘图平面 ▤：根据在视图列表所选的视图来设置绘图平面。
- 重设 ↰：单击此按钮，将重新设置绘图平面。
- 隐藏平面属性 ▤：单击此按钮，可关闭或显示【平面】管理器面板下方的平面属性设置选项，如图 1-69 所示。

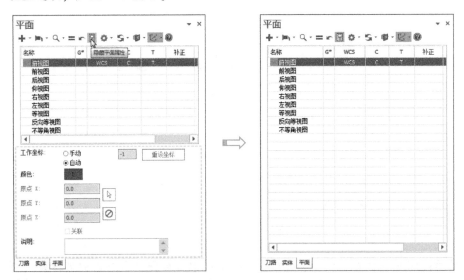

图 1-69　关闭或显示平面属性设置选项

- 显示选项 ⚙ ▾：【显示选项】列表中的选项用来控制管理器面板中绘图平面的显示与隐藏，如图 1-70 所示。
- 跟随规则 ↺ ▾：【跟随规则】列表中的选项用来定义绘图平面与坐标系、绘图平面与视图之间的对齐规则，如图 1-71 所示。

图 1-70　【显示选项】列表

图 1-71　【跟随规则】列表

- 截面视图 ▥ ▾：此列表中的选项用于控制所建立截面视图的显示状态，截面是剖切模型所用的平面，这里的剖切不是真正意义上的剖切，只是临时剖切后创建一个视图便于观察模型内部的情况。例如，在绘图平面列表中选择一个视图平面（选择右视图平面作为范例讲解），将其设为绘图平面，然后在绘图区选中坐标系并单击鼠标右键，在弹出的右键菜单中再选择【截面】选项，即可将右视图平面指定为截面，最后在【截面视图】列表中选择【着色图素】与【显示罩盖】选项，再单击【截面视图】按钮 ▥，即可创建剖切视图并观察模型，如图 1-72 所示。

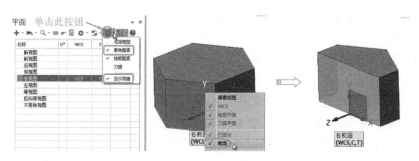

图 1-72 创建剖切视图

● 显示指针：指针指的就是工作坐标系。【显示指针】列表中的选项用于控制是否显示绘图区中的工作坐标系。

（3）视图平面的用法

在【平面】管理器面板的绘图平面列表中，列出了 6 个基本视图和 3 个轴测视图。

视图平面在坐标系中以紫色平面表示，其作为绘图平面的基本用法如下（以俯视图平面为例）。

01 在视图列表中选中俯视图平面。

02 在【平面】管理器面板的工具栏（在绘图平面列表上方）中单击【设置绘图平面】按钮，或者在"俯视图"行和"WCS"列的表格中单击，将所选视图平面设为绘图平面。

03 俯视图的名称前面会显示图标，这表示俯视图平面已经成为了绘图平面。

04 在绘图区中，俯视图平面就是坐标系的 XY 平面，此时绘制的二维线框都将在俯视图平面中进行，如图 1-73 所示。

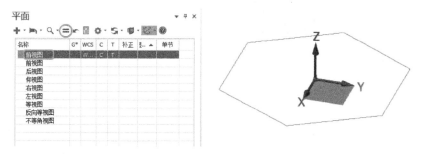

图 1-73 在俯视图平面中绘图

05 同理，若选择其他视图作为绘图平面，也按 01~04 的步骤进行操作即可。

2. 新建绘图平面

除了绘图平面列表中的基本视图平面可以作为建模时的绘图平面，还可以使用【平面】

管理器面板工具栏中的【创建新平面】列表选项来创建
自定义绘图平面。

【平面】管理器面板中的【创建新平面】列表选项
如图 1-74 所示。

图 1-74　【创建新平面】列表中的选项

- 依照图形 ：此选项是依照在绘图区中所选的
  实体形状来定义绘图平面。一般情况下，依照规
  则几何体来定义的绘图平面默认为俯视图平面。

- 依照实体面 ：此选项是根据用户所选的实体
  面（必须是平面）来创建绘图平面，如图 1-75 所
  示。选择实体面后，还可以调整坐标系的轴向。

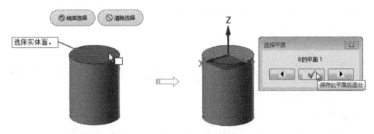

图 1-75　依照实体面创建绘图平面

- 依照屏幕视图 ：此选项是根据用户的实时屏幕视图来创建绘图平面，如图 1-76 所示。

- 依照图索法向 ：此选项是根据所选曲线的所在平面和直线法向来定义绘图平面，
  如图 1-77 所示。

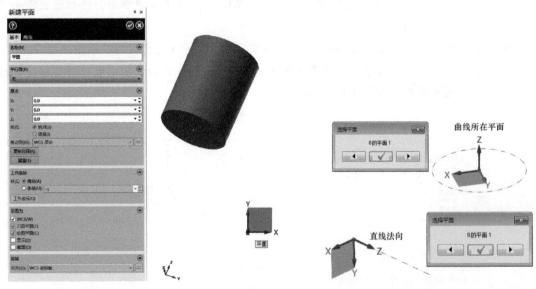

图 1-76　依照屏幕视图创建绘图平面　　　　图 1-77　依照图索法向创建绘图平面

- 相对于 WCS：此选项是根据 WCS 坐标系中的 6 个视图平面来创建新的绘图平面。一
  般采用此选项来创建与视图平面有一定偏移的绘图平面。如果绘图平面与视图平面

重合，则不用通过此选项来新建平面。直接在绘图平面列表中选择视图平面作为当前绘图平面即可。

- 快捷绘图平面 🖳：此选项是根据用户所选的实体平面来创建绘图平面，虽然作用与【依照实体面】选项的作用类似，但不能调整坐标系的轴向。

- 动态 🎲：此选项是通过用户定义新坐标系（包括原点与轴向）的 XY 平面来创建新绘图平面，如图 1-78 所示。

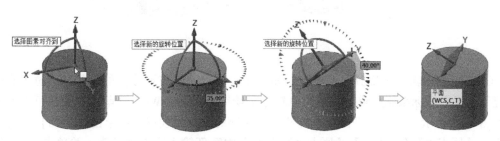

图 1-78 动态定义坐标系及绘图平面

3. WCS 坐标系

WCS 坐标系的作用是用于定位和确定绘图平面。坐标系包含原点、坐标平面和坐标轴等。

在 Mastercam 中，坐标系根据作用不同，分为世界坐标系、建模坐标系和加工坐标系等。其中，建模坐标系和加工坐标系合称为 WCS（工作坐标系）。

（1）世界坐标系

世界坐标系是计算机系统自定义的计算基准，默认出现在屏幕中心。当工作坐标系没有显示的时候，世界坐标系可供用户在建模时作定向参考，因此会在绘图区的左下角实时显示，并且不能进行编辑与操作，如图 1-79 所示。世界坐标系原点的坐标值为 (0,0,0)。

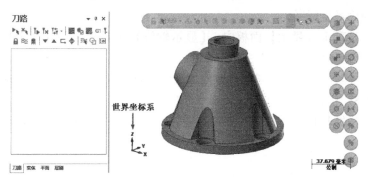

图 1-79 世界坐标系

在绘图区左下角单击世界坐标系，可以新建绘图平面，如图 1-80 所示。此操作的意义等同于在【平面】管理器面板的【创建新平面】列表中选择【动态】选项来创建绘图平面。

（2）WCS 工作坐标系

WCS 是用户在建模或数控加工时的设计基准。新建绘图平面的过程其实就是确定 WCS 工作坐标系的 XY 平面的过程。默认情况下，WCS 与世界坐标系是重合的，图 1-81 为模型中的 WCS。

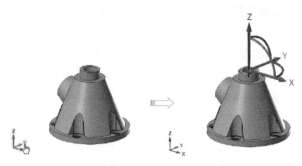

图 1-80　单击世界坐标系动态创建绘图平面

WCS 是可以编辑（编辑其原点位置）和操作（可以旋转与平移）的，其原点位置在默认情况下与世界坐标系原点重合。当用户新建了绘图平面后，WCS 原点的位置是可以改变的，如图 1-82 所示。可在【平面】管理器面板底部的平面属性选项中单击【手动】单选按钮，再在【原点 X】【原点 Y】【原点 Z】文本框中重新输入原点坐标值，并单击 Enter 键确认。

图 1-81　WCS 默认位置　　　　　　　　图 1-82　编辑 WCS 的原点坐标

（3）显示与隐藏坐标系

在【视图】选项卡【显示】面板中，【显示轴线】工具列表和【显示指针】工具列表中的工具用于控制坐标系的显示与关闭。

轴线的显示可以帮助用户在建模或数控加工时快速定位，用户可以按 F9 功能键开启或关闭轴线。图 1-83 为显示的轴线。

单击【显示指针】按钮 或按 Alt+F9 组合键，可以开启或关闭 WCS 坐标系的显示，如图 1-84 所示。

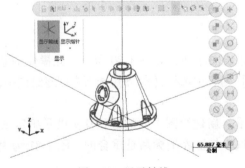

图 1-83　显示轴线

图 1-84　显示 WCS 坐标系

第 2 章

创建 Mastercam 基础模型

本章将深入探讨在 Mastercam 中创建基础模型的方法和技巧。从 Mastercam 的几何绘图工具开始，学习如何创建二维草图和三维实体模型。

本章要点

- 草图绘制。
- 实体造型。
- 曲面造型。

2.1 草图绘制

二维图形的绘制是 Mastercam 建模和加工的基础，包括点、线、圆、矩形、盘旋和螺旋线、曲线、圆角和倒角、文字和边界盒等。任何一个图形的建模都离不开点、线、圆等基本的几何图素。在开始绘制草图之前，我们需要选择合适的绘图工具。

2.1.1 图形绘制

Mastercam 2024 的草图绘制工具在【线框】选项卡中，如图 2-1 所示。下面仅介绍常用的绘图命令。

图 2-1 【线框】选项卡中

1. 绘制直线

Mastercam 2024 的【线框】选项卡的【绘线】面板中共有 6 种绘制直线的命令。

- 线端点：单击【线端点】按钮 ✏，这两个点可以是手动捕捉到的点，也可以是通过输入具体坐标来确定的点。此外，此功能还支持绘制一系列连续的直线，如图 2-2

所示。通过捕捉矩形的两个对角点，可以轻松绘制出矩形的对角线。

- 近距线：绘制近距线命令用于绘制两图素之间最近距离线，在【线框】选项卡中的【绘线】面板中单击【近距线】按钮 ，选取绘图区的直线和圆弧，即创建了圆弧和直线之间最近距离的直线，如图 2-3 所示。

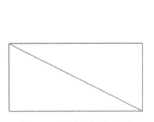
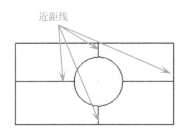

图 2-2　绘制连续直线　　　　　　图 2-3　绘制近距线

- 平分线：在平面上，任意两条不平行的直线相交时，必定会形成一个交点和两个夹角。使用角平分线工具可以绘制出这两条相交直线的角平分线。因为直线本身不具有方向性，所以这两条相交的直线实际上会形成四个夹角，相应地也就有四条可能的角平分线。因此，用户需要指定希望绘制的具体角平分线。在【绘线】面板的【近距线】列表中单击【平分线】 按钮，选取两条线，根据选取的直线位置绘制出角平分线，如图 2-4 所示。

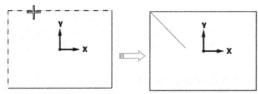

图 2-4　创建角平分线

技术要点　　　如果在【平分线】选项面板中选择【多个】策略选项后再选取两条线，将弹出四条角平分线，选取其中一条符合要求的角平分线即可，如图 2-5 所示。

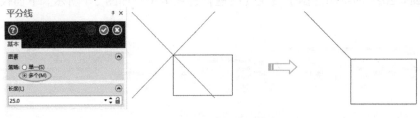

图 2-5　多条角平分线

- 垂直正交线：【垂直正交线】按钮可以在直线或圆弧曲线上绘制基于某一点（或切点）的法向直线。单击【垂直正交线】按钮 ，弹出【垂直正交线】选项面板。在选项面板中选择【点】方式，将绘制出直线的垂线，如图 2-6 所示。

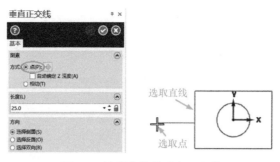

图 2-6 绘制直线的垂直正交线

技术要点　　　如果在设置面板中选择【相切】选项，则首先选择一个圆，然后选择一条辅助直线，就可以绘制出一条切线。这条切线将垂直于辅助直线，并通过圆的切点，如图 2-7 所示。

 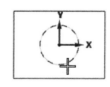 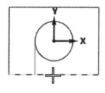

图 2-7 绘制圆的切线

● 平行线：单击【平行线】按钮 ∥ ，可以绘制直线的平行线，或者是圆/圆弧的切线。图 2-8 为选取直线作为平行参考而绘制的平行线。

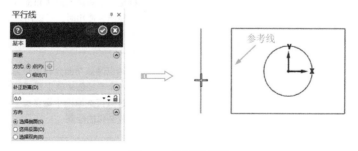

图 2-8 绘制平行线

● 通过点相切线：通过点相切线（可在【绘线】面板【近距线】列表中选择该命令）是通过选择曲线，光标选取位置即为切点，再在曲线一侧单击以确定切线位置，即可创建出该曲线的相切线，如图 2-9 所示。

 技术要点　　　选取曲线后，由于确定切线的位置不同，生成切线也会不同。

| 选取曲线 | 确定切线位置 | 拉出生成切线 |

图 2-9　创建切线

2. 绘制圆和圆弧

Mastercam 提供了多种绘制圆弧的工具，包括圆和圆弧，共有 7 种。执行这些命令可以绘制绝大多数的有关圆弧的图形。7 种绘制圆弧的工具的含义见表 2-1。

表 2-1　7 种绘制圆弧的工具

圆弧命令	图解说明	含义介绍
已知点画圆		绘制圆或圆弧的一种基本方法是通过指定圆心点。要完成这一操作，只需确定圆心的位置和圆的半径即可
极坐标画弧		使用极坐标绘制圆弧的方法包括设置圆心为极点，设置圆的半径为极径，同时将圆弧的起始点和终点分别作为极坐标的起始和终点
三点画弧		使用三点画弧很像三点画圆，它依靠三个点来确定一个圆弧的形状和位置。当这种方法与相切功能结合使用时，可以用来绘制与其他元素相切的圆弧，即三切弧
端点画弧		端点画弧功能允许用户通过选择两个端点并输入一个半径值来确定圆弧的位置和形状，或者是通过直接选取两个端点加上圆弧上的任意一点来完成圆弧的绘制
已知边界点画圆		已知边界点画圆是一种确定圆的方法，这三个点能够唯一确定一个具体的圆。换句话说，任意三个点都能够精确定义一个且仅一个圆
极坐标端点		通过端点绘制极坐标圆弧的方法涉及选择圆弧的端点，并指定起始角度、终止角度以及圆弧的半径，以这些参数确定圆弧的具体形状和位置

（续）

圆弧命令	图解说明	含义介绍
切弧		切弧绘制功能用于创建与给定图形元素相切的圆弧，此功能提供七种不同的形式以满足各种绘制需求

3. 绘制其他形状

草图工具还提供了绘制其他基本形状，如矩形、椭圆、多边形等的命令。

- 矩形：标准矩形的形状是固定不变的，可以用对角线定位，也可以用中心定位，在【形状】面板中单击【矩形】按钮▭，弹出【矩形】选项面板，如图 2-10 所示。默认情况下，以确定对角点坐标的方式来绘制矩形，如图 2-11 所示。

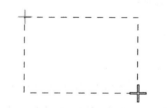

图 2-10 【矩形】选项面板　　　　图 2-11　确定对角点坐标并绘制矩形

技术要点　　　当在选项面板的【设置】卷展栏中勾选【矩形中心点】复选框后，可以确定矩形中心点的位置和矩形的长度及宽度，以绘制矩形，如图 2-12 所示。勾选【创建曲面】复选框，可以直接创建矩形平面曲面。

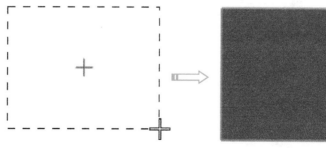

图 2-12　以确定矩形中心点的方式绘制矩形

- 椭圆：椭圆是圆锥曲线的一种，由平面以某种角度切割圆锥所得截面的轮廓线即是椭圆。在【形状】面板的【矩形】列表中单击【椭圆】按钮⬭，弹出【椭圆】选项面板，如图 2-13 所示。椭圆的创建方式有三种：NURBS、圆弧段和区段直线。

NURBS 是以创建的圆弧为样条曲线的方式，圆弧段方式将整个椭圆划分成多段圆弧相接，区段直线方式将整个椭圆划分成多段直线相接。

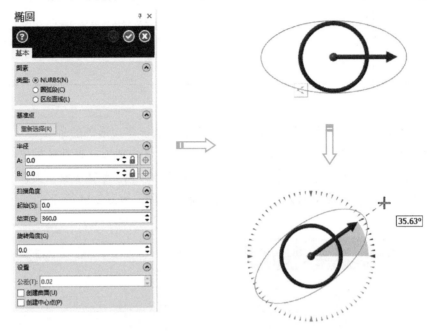

图 2-13　设置【椭圆】选项面板中的参数并绘制椭圆

- 多边形：正多边形命令可以绘制 3~360 边数的正多边形，要启动绘制多边形命令，可以在【形状】面板的【矩形】列表中单击【多边形】按钮⬠，弹出【多边形】选项面板，在该选项面板中设置多边形参数，如图 2-14 所示。

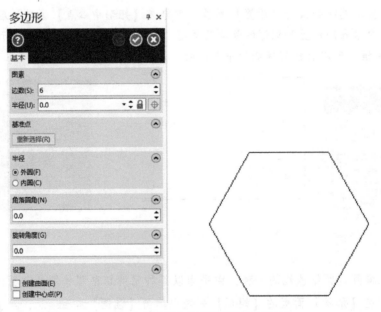

图 2-14　【多边形】选项面板及正多边形

2.1.2 草图修剪操作

二维图形绘制完毕后会留下很多多余线条，需要通过修剪、倒圆角等工具进行最后的修饰，剪掉不需要的图素。修剪草图的工具在【修剪】面板中，如图 2-15 所示。

图 2-15 修剪工具

1. 图素倒圆角

倒圆角是指将两个相交的图形元素（如直线、圆弧或曲线）之间的尖锐角转换为圆润的过渡，以消除尖角带来的视觉冲击。这种处理方式分为两种类型：一种是针对两个单独元素进行圆角处理，另一种是对多个相连元素进行串联式的圆角处理。要启动倒圆角功能，用户可在【修剪】面板中单击【图素倒圆角】按钮 ⌒，弹出【图素倒圆角】选项面板，如图 2-16 所示。图 2-17 中为 5 种圆角方式。

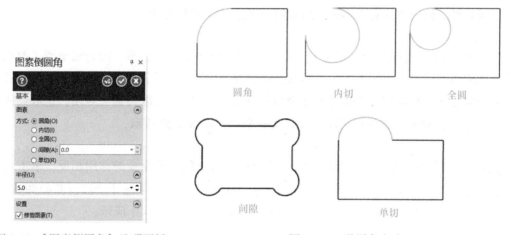

图 2-16 【图素倒圆角】选项面板   图 2-17 5 种圆角方式

2. 串连倒圆角

串连倒圆角功能允许用户对一个图形中的所有尖角进行统一的圆角处理，实现整体的圆润过渡。串连倒圆角包括 3 种方式：所有角落、顺时针和逆时针，如图 2-18 所示。

所有角落   顺时针   逆时针

图 2-18 3 种串连倒圆角方式

3. 倒角

倒角处理是将物体尖锐的边缘斜切平滑的技术，这种方法在金属零件和机械加工领域，尤其是在车床加工的零件上，得到了广泛应用。倒角的 4 种不同方式如图 2-19 所示。

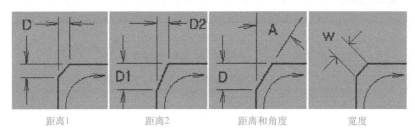

距离1　　　　　　距离2　　　　　　距离和角度　　　　　　宽度

图 2-19　4 种倒角方式

技术要点　　　在"距离 2"和"距离和角度"倒角方式中，先选取的边为第一侧，后选取的边为第二侧，同时第一侧也是角度的参考边。

4. 修剪到图素

【修剪到图素】命令是对两个或多个相交的图素在交点处进行修剪，也可以在交点处进行打断或延伸。修剪方式有很多种，最常用的就是【修剪】方式。

5. 封闭全圆

【封闭全圆】命令允许用户将任何圆弧转换回其原始的完整圆形。因为每个圆弧都携带了完整圆的基本信息，包括圆的半径和圆心位置等，所以，无论圆弧的大小如何，都能够通过此命令恢复成完整的圆。单击【封闭全圆】按钮 ⊙，提示选取圆弧去封闭，选取绘图区的圆弧，单击【确定】按钮即可将圆弧封闭成全圆，如图 2-20 所示。

6. 打断全圆

【打断全圆】命令用于将整圆打断成多段圆弧，与封闭全圆命令的作用相反。单击【打断全圆】按钮 ⊙，选取圆后单击【结束选择】按钮 ⊘ 结束选择，再在【全圆打断的圆数量】输入框中输入 3，然后按 Enter 键，即可将圆打断成 3 段，如图 2-21 所示。

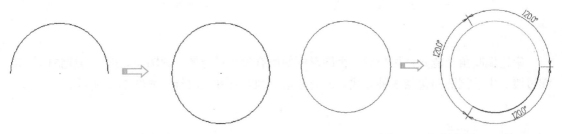

图 2-20　封闭全圆　　　　　　　　　　　图 2-21　打断全圆

实战案例——绘制机械零件草图

参照图 2-22 的图纸绘制零件草图，未标注的圆弧半径均为 *R*3。

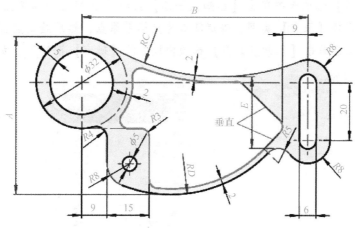

图 2-22 零件草图

绘图分析

☑ 参数：$A=54$，$B=80$，$C=77$，$D=48$，$E=25$。

☑ 此图形结构比较特殊，许多尺寸不是直接给出的，需要经过分析得到，否则容易出错。

☑ 由于图形的内部有一个完整的封闭环，这部分图形也是一个完整图形，但这个内部图形的定位尺寸参考均来自外部图形中的连接线段和中间线段，所以绘图顺序是先绘制外部图形，再绘制内部图形。

☑ 在此图形中，用户很轻易地就可以确定绘制的参考基准中心位于 $\phi32$ 圆的圆心，从标注的定位尺寸就可以看出。作图顺序的图解如图 2-23 所示。

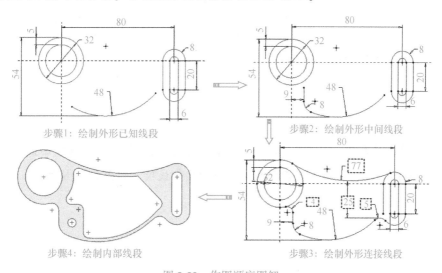

步骤1：绘制外形已知线段　　　步骤2：绘制外形中间线段

步骤4：绘制内部线段　　　步骤3：绘制外形连接线段

图 2-23 作图顺序图解

设计步骤

01 启动 Mastercam 2024，新建 Mastercam 文件。

02 在【线框】选项卡中单击【已知点画圆】按钮⊕，在上选择条上的【光标锁定】
列表中选择【原点】类型，确定圆心为坐标系原点，然后绘制直径为 **32mm** 的圆。
绘制完成后单击【已知点画圆】选项面板中的【确定】按钮✅，如图 2-24 所示。

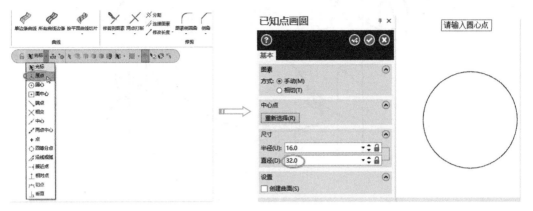

图 2-24　绘制圆

03 同样，在坐标系原点处绘制直径为 **22mm** 的圆，如图 2-25 所示。

04 绘制图形基准中心线。单击【线端点】按钮✐、【平行线】按钮⫽和【修改长
度】按钮✐，绘制多条水平与竖直直线，然后右击这些直线并更改其线型为"点
划线"线型，最终绘制出的基准中心线如图 2-26 所示。

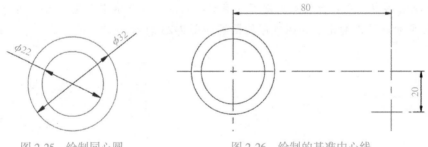

图 2-25　绘制同心圆　　　　　图 2-26　绘制的基准中心线

05 先后单击【已知点画圆】按钮⊕、【线端点】按钮✐、【偏移图素】按钮⊩及
【分割】按钮✕，绘制出虚线框内部分的已知线段，如图 2-27 所示。

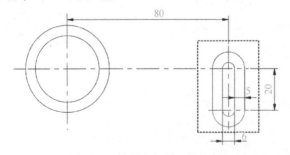

图 2-27　绘制右侧的已知线段

06 单击【切弧】按钮 ，弹出【切弧】选项面板，在【方式】列表中选择【两物体切弧】选项，在【半径】数值框中输入半径值 77 并按 Enter 键确认，接着在绘图区中选取两个圆（φ32 和 R8）来绘制切线弧，如图 2-28 所示。

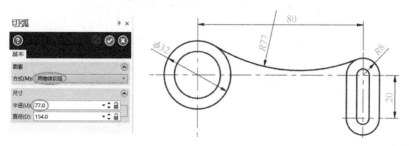

图 2-28　绘制切线弧

07 利用【线端点】和【平行线】命令，绘制两条水平线（并修改线型为点划线），间距为 25mm，并且其中一条水平线与 R77 圆弧相切，如图 2-29 所示。

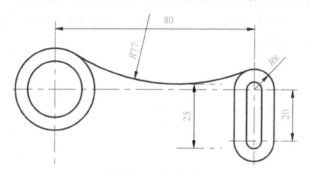

图 2-29　绘制水平线

08 利用【切弧】命令，在【切弧】选项面板中选择【两物体切弧】选项并设置半径为 5，在绘图区中选择要相切的两个图素来绘制切弧。绘制切弧后再选择切弧，在弹出的【工具】选项卡的【修剪】面板中单击【修改长度】按钮 ，将切弧拉长，如图 2-30 所示。

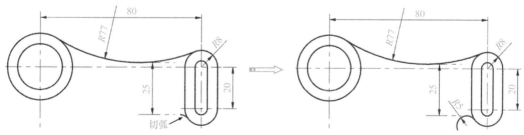

图 2-30　绘制切弧

09 利用【线端点】命令，绘制一条水平线（线型为点划线）。接着再利用【切弧】命令选择两个相切图素（水平线和 R5 圆弧）来绘制切弧，切弧半径为 R48，如图 2-31 所示。

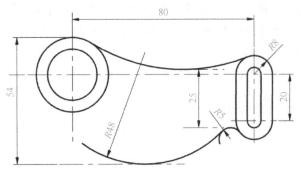

图 2-31　绘制水平线和切弧

10 执行【线端点】命令，绘制一条竖直线，如图 2-32 所示。

11 单击【图素倒圆角】按钮，在竖直线与 *R*48 切弧的相交处绘制半径为 *R*8 的圆角，如图 2-33 所示。

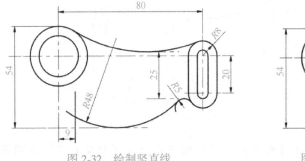

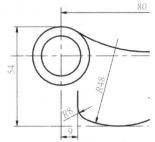

图 2-32　绘制竖直线　　　　　　　图 2-33　绘制圆角

12 单击【图素倒圆角】按钮，绘制 *R*4 圆角曲线，如图 2-34 所示。

13 至此，整个零件图形的外轮廓绘制完成，然后利用【切割】命令去除多余曲线，结果如图 2-35 所示。

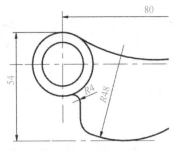

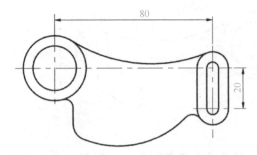

图 2-34　绘制 *R*4 圆角曲线　　　　　　图 2-35　修剪曲线的结果

14 单击【偏移图素】按钮，偏移出图 2-36 的内部轮廓中的中间线段。

15 利用【线端点】命令和【垂直正交线】命令，绘制 5 条直线，并使它们两两相互垂直，如图 2-37 所示。

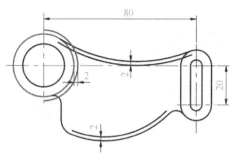

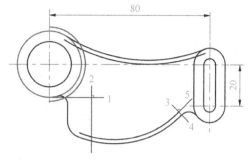

图 2-36　绘制 3 条偏移曲线　　　　　图 2-37　绘制 5 条直线

16 利用【偏移图素】命令，选取右侧的竖直中心线，往左偏移并复制 1 条竖直线，偏距为 9mm。再利用【图素倒圆角】命令绘制半径为 R3 的圆角曲线，可适当增加圆角曲线的长度，结果如图 2-38 所示。单击【图素倒圆角】按钮，创建内部轮廓中相同半径（R3）的圆角，如图 2-39 所示。

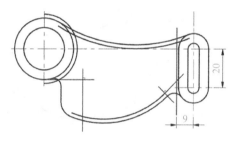

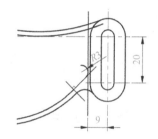

图 2-38　绘制偏移直线和圆角曲线　　　　图 2-39　绘制 R3 圆角

17 单击【垂直正交线】按钮，弹出【垂直正交线】选项面板。保留默认的【点】方式，然后在绘图区选取要垂直的参考直线，如图 2-40 所示。

18 在【垂直正交线】选项面板中单击【相切】单选按钮，然后选取 R3 圆角曲线作为相切参考，随即自动创建垂直正交线，如图 2-41 所示。

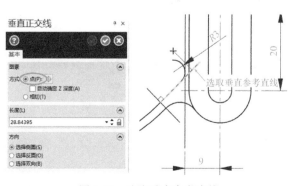

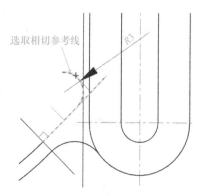

图 2-40　选取垂直参考直线　　　　　图 2-41　选取相切参考线

19 利用【修改长度】命令拉长步骤 18 中创建的垂直正交线，结果如图 2-42 所示。

20 利用【图素倒圆角】命令，创建半径为 $R3$ 的圆角，结果如图 2-43 所示。

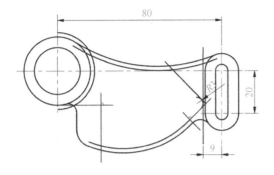

图 2-42　修改垂直正交线的长度

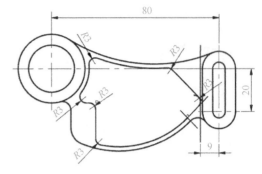

图 2-43　绘制圆角

21 单击【分割】按钮 ✕ 修剪图形，结果如图 2-44 所示。

22 单击【已知点画圆】按钮 ⊕，在左下角圆角半径为 $R8$ 的圆心位置上绘制直径为 $\phi5$ 的圆，如图 2-45 所示。

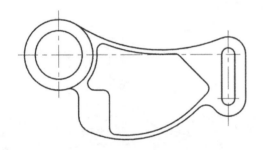

图 2-44　修剪图形

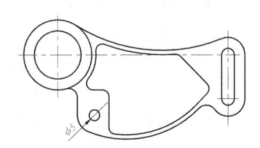

图 2-45　绘制圆

23 至此，机械零件草图的绘制就完成了。

2.2　实体造型

实体是指三维封闭几何体，具有质量、体积、厚度等特性，占有一定的空间，由多个面组成。实体建模工具在图 2-46 的【实体】选项卡中可以找到。

图 2-46　【实体】选项卡

2.2.1　创建体素实体

基本实体包括圆柱体、圆锥体、球体、立方体、圆环体等五种基本类型，如图 2-47 所示。

图 2-47　基本实体

1. 圆柱

圆柱体是矩形绕其一条边旋转一周而形成。单击【圆柱】按钮 ■ ，弹出【基本圆柱体】选项面板。设置半径和高度值后，其余选项保持默认，单击【确定】按钮 ◎ ，完成圆柱体的创建，如图 2-48 所示。

2. 锥体

锥体是一条母线绕其轴线旋转而形成，锥体底面为圆，顶面为尖点。单击【锥体】按钮 ▲ ，弹出【基本圆锥体】选项面板，设置基本半径、高度及顶部半径值后，单击【确定】按钮 ◎ ，完成圆锥体的创建，如图 2-49 所示。

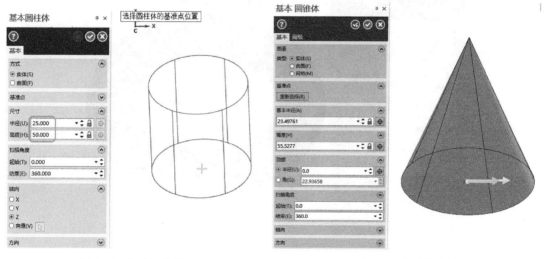

图 2-48　创建圆柱体　　　　　　　　　　图 2-49　创建圆锥体

3. 立方体

立方体的六个面都是长方形，单击【立方体】按钮 ⬢ ，弹出【基本立方体】选项面板，设置原点位置和立方体尺寸后，在图形区中放置立方体，如图 2-50 所示。

4. 球体

球体是半圆弧沿其直径边旋转生成。单击【圆球】按钮 ● ，弹出【基本球体】选项面板。设置球体半径值，在图形区中放置球体，如图 2-51 所示。

5. 圆环体

圆环体是指一截面圆沿一轴心圆进行扫描而产生的圆环实体。单击【圆环】按钮 ◎ ，弹出【基本圆环体】选项面板。设置圆环体的大径和小径后，在图形区中放置定义的圆环体，如图 2-52 所示。

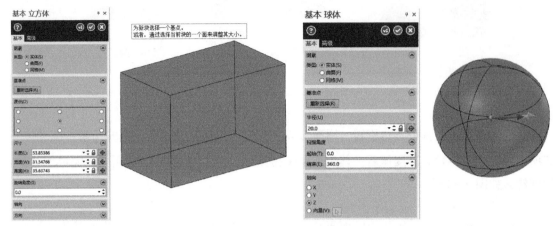

图 2-50　创建立方体　　　　　　　　　　　　　图 2-51　创建球体

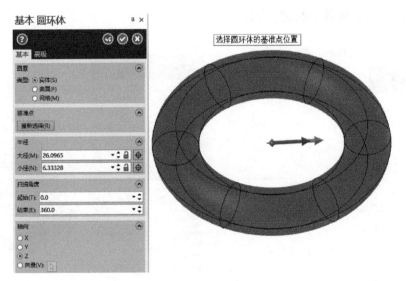

图 2-52　创建圆环体

2.2.2　创建扫掠类型实体

扫掠实体是将草图作为模型截面和轨迹线进行扫描的实体图特征。常见的扫掠型实体特征包括拉伸、旋转、扫描和举升（放样）等。

1. 拉伸实体

【拉伸】命令是将草图截面沿指定的矢量方向拉伸一定的距离而得到的实体特征。通过执行【拉伸】命令，可以创建出加材料的拉伸实体，也可以创建出减材料的实体特征。单击【拉伸】按钮，弹出【串连选项】对话框，选取拉伸的截面曲线后，弹出【实体拉伸】选项面板，如图 2-53 所示。

有三种拉伸类型可以创建：创建主体、切割主体和添加凸台。如果创建的是第一个实体特征，则仅有【创建主体】类型可选。如果图形区中已经存在实体特征，那么可以选择【切割主体】类型来创建减材料的拉伸特征，也可以选择【添加凸台】类型来创建子特征。图 2-54 中为创建【切割主体】类型和【添加凸台】类型的结果。

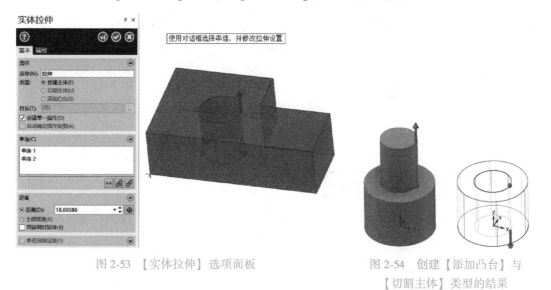

图 2-53 【实体拉伸】选项面板　　　　图 2-54 创建【添加凸台】与
【切割主体】类型的结果

2. 旋转实体

【旋转】命令能将选取的旋转截面绕指定的旋转中心轴旋转一定的角度，从而产生旋转实体或薄壁件。单击【旋转】按钮 ，选取旋转截面曲线和旋转轴后，弹出【旋转实体】选项面板，单击【确定】按钮 完成旋转实体的创建，如图 2-55 所示。

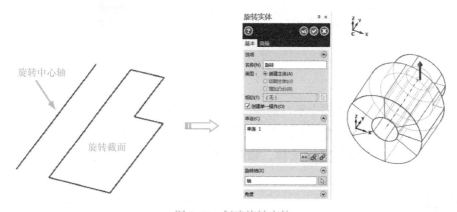

图 2-55 创建旋转实体

在【旋转实体】选项面板中的【高级】标签中，若勾选【壁厚】复选框，可以创建出薄壁特征，如图 2-56 所示。

3. 扫描实体

扫描实体是通过截面沿指定的轨迹进行扫描而形成的实体。截面曲线所在平面与引导曲线所在平面必须是法向垂直的。在图形区中选取了截面曲线并引导曲线后，会弹出【扫描】选项面板，进行相关的设置后即可创建出扫描实体，如图 2-57 所示。

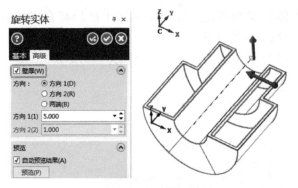

图 2-56　创建薄壁特征

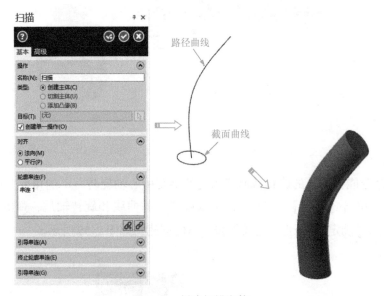

图 2-57　创建扫描实体

4. 举升实体

【举升】工具能将选取的多个平行的截面曲线生成平滑过渡的实体。单击【举升】按钮，选取平行的举升截面曲线，弹出【举升】的选项面板，如图 2-58 所示。勾选【创建直纹实体】复选框，也可以创建直纹实体，如图 2-59 所示。

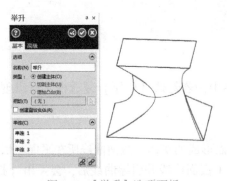

图 2-58　【举升】选项面板

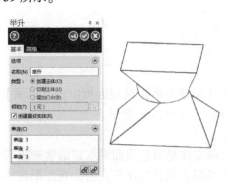

图 2-59　创建直纹实体

技术要点 　举升实体对于截面曲线有要求，比如有 3 个平行截面曲线，2 个为矩形，1 个为圆形，矩形由 4 段直线构成，而为了便于形成过渡，圆形也必须打断为 4 部分，与矩形的段数要完全相等才能创建举升实体，如图 2-60 所示。

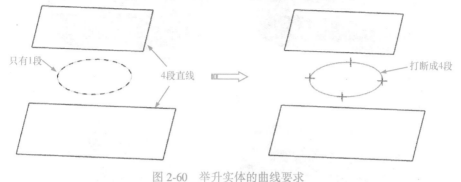

图 2-60　举升实体的曲线要求

技术要点 　举升实体对于平行截面曲线的串连方向也有要求，3 个截面的串连方向必须一致，否则也不能创建出举升实体。图 2-61 左图中的串连方向是错误的，右图中的串连方向是正确的。

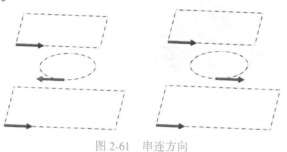

图 2-61　串连方向

2.2.3　实体的布尔运算

实体的布尔运算包括布尔结合、布尔切割和布尔交集等。在【创建】面板中单击【布尔运算】按钮 🔘，选择要进行布尔运算的两个相交实体，会弹出【布尔运算】选项面板，如图 2-62 所示。

【布尔运算】选项面板中包含以下 3 种布尔运算类型。

- 【结合】类型：布尔结合类型可以将两个以上的实体结合成一个整体的实体，如图 2-63 所示。
- 【切割】类型：布尔切割类型可以采用工具实体对目标体进行切割，目标体只能有一个，工具体可以选取多个，如图 2-64 所示。
- 【交集】类型：布尔交集类型可以将目标实体和工具实体进行求交操作，生成的新物体为两物体相交的

图 2-62　【布尔运算】选项面板

公共部分，如图 2-65 所示。

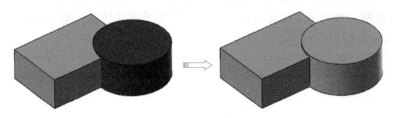

图 2-63　布尔结合

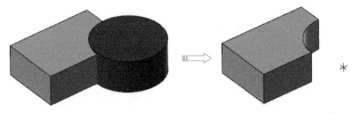

图 2-64　布尔切割

图 2-65　布尔交集

2.2.4　实体修改

在绘制某些复杂的图形时，光有实体操作和布尔运算还不够，还需要实体倒圆角和倒角，以及实体抽壳、薄壁加厚、实体拔模等功能进行辅助编辑，才能达到用户想要的效果。

1. 固定圆角半径

在【修剪】面板中单击【固定半倒圆角】按钮🔶，弹出【实体选择】对话框。选取要应用圆角的实体边后，弹出【固定圆角半径】选项面板，设置圆角半径后单击【确定】按钮🔘，即可完成圆角的创建，如图 2-66 所示。

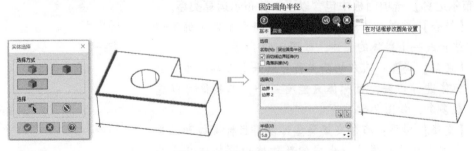

图 2-66　固定圆角半径

2. 面与面倒圆角

面与面倒圆角是对选取的面和面之间进行圆滑过渡的处理方式，还可以倒椭圆角。单击【面与面倒圆角】按钮，弹出【实体选择】对话框。选取要应用倒圆角的两个相邻的实体面后，弹出【面与面倒圆角】选项面板，设置圆角半径，单击【确定】按钮，即可完成倒圆角操作，如图 2-67 所示。

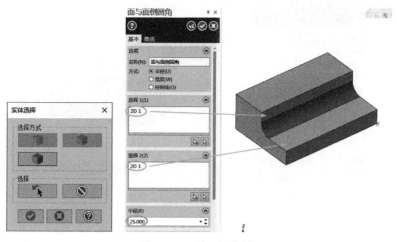

图 2-67　面与面倒圆角

3. 变化倒圆角

【变化倒圆角】命令可以在同一实体特征上创建出具有不同圆角半径的圆角。单击【变化倒圆角】按钮，弹出【实体选择】对话框。选取要应用倒圆角的实体边后，在弹出的【变化圆角半径】选项面板中修改每一条边界的圆角半径，单击【确定】按钮，即可完成倒圆角操作，如图 2-68 所示。

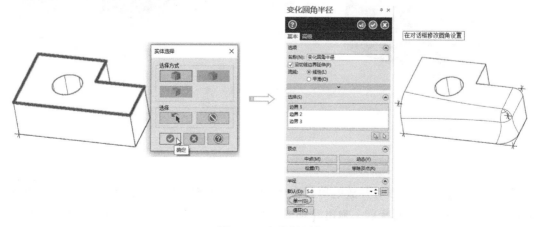

图 2-68　变化倒圆角

4. 倒角

对于某些零件，特别是五金零件，尖角部分采用圆角过渡时，用普通机床加工会不方便，所以一般采用倒角方式来处理。倒角类型有【单一距离倒角】【不同距离倒角】和【距离与角度】倒角三种。单击【单一距离倒角】按钮，选取某条边后，弹出【单一距离倒角】选项面板。设置倒角距离值后，单击【确定】按钮，即可完成倒角操作，如图 2-69所示。

图 2-69　倒角

5. 实体抽壳

在塑料产品中，通常需要将产品抽成均匀薄壁，以利于产品均匀收缩。单击【抽壳】按钮，选取要抽壳的实体面后，弹出【抽壳】选项面板，设置抽壳厚度后单击【确定】按钮，即可完成抽壳操作，如图 2-70 所示。

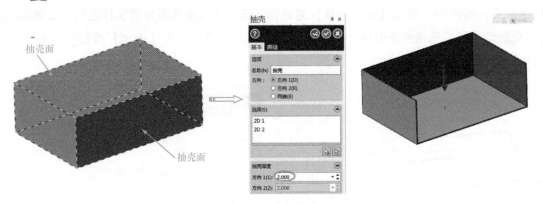

图 2-70　实体抽壳

6. 薄片加厚

【薄片加厚】命令可以对开放的薄片实体进行加厚处理，形成封闭实体。单击【加厚】按钮，选取要加厚的薄片后，弹出【加厚】选项面板。在【加厚】选项面板中设置"加厚"区域中【方向 1】的值，单击【确定】按钮，即可完成加厚，如图 2-71 所示。

 技术要点　　如果是曲面，则不能直接通过单击【加厚】按钮来创建加厚特征，用户需要先将曲面使用【由曲面生成实体】工具转换成片体，然后才可以加厚成实体。

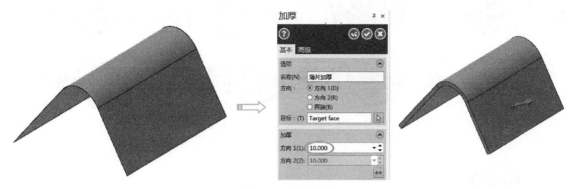

图 2-71　薄片加厚

实战案例——摇臂零件实体建模

　　参照图 2-72 的三视图构建摇臂零件模型，注意其中的对称、相切、同心、阵列等几何关系。

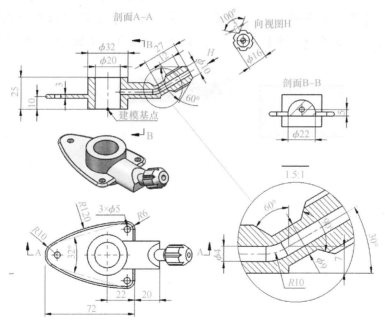

图 2-72　摇臂零件三视图

绘图分析

☑　参照三视图，确定建模起点在"剖面 **A-A**"主视图 φ32 圆柱体底端平面的圆心上。

☑　基于"从下往上、由内向外"的建模原则建模。

☑　所有特征的截面曲线来自于各个视图的轮廓。

☑　建模流程的图解如图 2-73 所示。

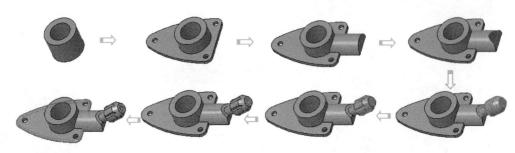

图 2-73　建模流程图解

 设计步骤

（1）创建第 1 个主特征——拉伸特征

01 新建 Mastercam 文件。在【平面】管理器面板中保留俯视图平面作为草图平面，然后单击【线框】选项卡【圆弧】面板中的【已知点画圆】按钮⊕，在坐标系原点处绘制一组同心圆，直径分别是 $\phi32$ 和 $\phi20$，如图 2-74 所示。

02 在【实体】选项卡的【创建】面板中单击【拉伸】按钮，弹出【线框串连】对话框和【实体拉伸】选项面板。选择绘制的同心圆图形，单击【线框串连】对话框中的【确定】按钮。接着在【实体拉伸】选项面板中设置拉伸距离为 25mm，最后单击【确定】按钮，完成拉伸实体的创建，如图 2-75 所示。

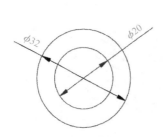

图 2-74　绘制同心圆

图 2-75　创建拉伸实体 1

（2）创建第 2 个主特征

01 在绘图区窗口左侧的【平面】管理器面板中选择【创建新平面】|【相对于 WCS】|【俯视图】命令，弹出【新建平面】选项面板。在【新建平面】选项面板的【原点】选项组中输入 Z 轴的增量值为 10mm，重新命名平面为"基准面 1"，单击【确定】按钮完成新平面的创建，如图 2-76 所示。

02 设置"基准面 1"平面为当前工作平面，利用【线框】选项卡中的绘线工具绘制图 2-77 的图形。

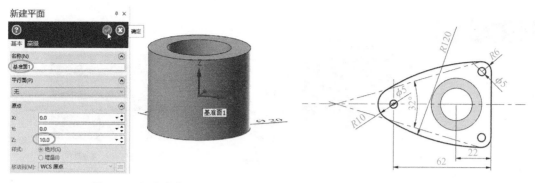

图 2-76　新建基准面 1　　　　　　　　　　　图 2-77　绘制图形

03　在【实体】选项卡中单击【拉伸】按钮 🛢，选取步骤 02 中绘制的图形，在【实体拉伸】选项面板中单击【添加凸台】单选按钮，勾选【两端同时延伸】复选框，设置拉伸距离为 1.5mm，最后单击【确定】按钮 ◎，完成拉伸实体的创建，如图 2-78 所示。

04　单击【固定圆角半径】按钮 🛢，选取拉伸实体 2 的上下边缘来创建半径为 1.5mm 的圆角，如图 2-79 所示。

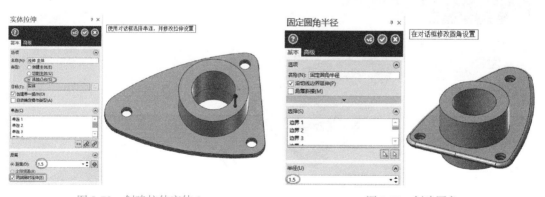

图 2-78　创建拉伸实体 2　　　　　　　　　　图 2-79　创建圆角

（3）创建第 3 个主特征

01　在【平面】管理器面板中选择【创建新平面】|【相对于 WCS】|【右视图】命令，弹出【新建平面】选项面板。在【新建平面】选项面板的【原点】选项组中输入 X 轴的增量值为 42mm，重新命名平面为"基准面 2"，单击【确定】按钮完成新平面的创建，如图 2-80 所示。

02　设置基准面 2 为当前工作平面。利用【线框】选项卡中的绘线命令绘制图 2-81 中的图形。

技术要点　　　　确定圆的圆心时，不要在已有模型上选取点，否则将不会在基准面 2 上绘制圆形，必须输入圆心坐标，才能保证在所需平面上绘制。

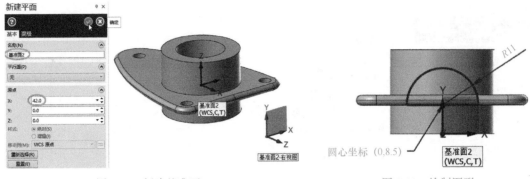

图 2-80　新建基准面 2　　　　　　　　　　图 2-81　绘制图形

03 在【实体】选项卡中单击【拉伸】按钮 ![btn]，选取步骤 02 中绘制的图形，然后在
【实体拉伸】选项面板中勾选【修剪到指定面】复选框，单击【添加选择】按钮
![btn]，选取实体面，如图 2-82 所示。

04 选取实体面后返回【实体拉伸】选项面板中，设置拉伸距离为 45mm，最后单击
【确定】按钮 ![btn] 完成拉伸实体的创建，如图 2-83 所示。

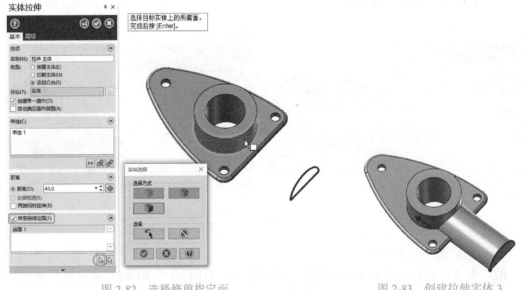

图 2-82　选择修剪指定面　　　　　　　　　图 2-83　创建拉伸实体 3

(4) 创建第 4 个主特征——拉伸切除特征

01 在【平面】管理器面板中设置前视图平面为工作平面。利用【线框】选项卡中的
绘线工具绘制图 2-84 中的图形。

02 单击【拉伸】按钮 ![btn]，选取步骤 01 中绘制的图形，然后在【实体拉伸】选项面
板中单击【切割主体】单选按钮，勾选【两端同时延伸】复选框，设置拉伸距离
为 20mm，创建完成的拉伸切除特征如图 2-85 所示。

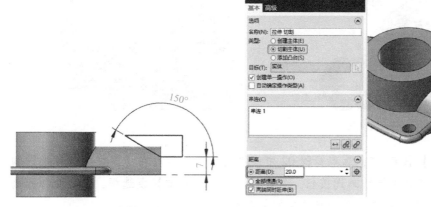

图 2-84 绘制图形   图 2-85 创建拉伸切除特征

（5）创建第 5 个主特征

01 设置前视图平面为当前工作平面。利用【绘线】工具绘制图 2-86 中的草图曲线。

技术要点

有些直线的长度不好确定，可以先绘制任意长度，随后标注此直线，计算出实际长度和预想长度之间的差距，然后利用【修改长度】命令缩短这个差距值即可。

02 单击【旋转】按钮 ，选取图形和旋转轴（标注为 27mm、倾角为 30° 的斜线），在【旋转实体】选项面板中单击【添加凸缘】单选按钮和【确定】按钮 ，完成旋转实体的创建，如图 2-87 所示。

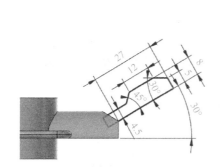

图 2-86 绘制草图曲线

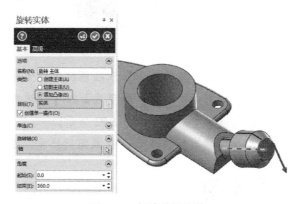

图 2-87 创建旋转实体 1

（6）创建子特征——拉伸切除特征

01 在【平面】管理器面板中选择【创建新平面】|【依照实体面】命令，然后选择旋转实体的端面，新建基准面 3，如图 2-88 所示。

02 设置基准面 3 为当前工作平面。利用【线框】选项卡中的绘线命令绘制图 2-89 中的草图曲线。

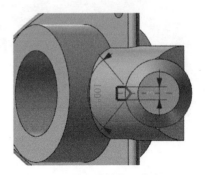

图 2-88　新建基准面 3　　　　　　　　　　图 2-89　绘制草图曲线

03　单击【拉伸】按钮 ，选取步骤 02 中绘制的图形，然后在【实体拉伸】选项面板中单击【切割主体】单选按钮，勾选【两端同时延伸】复选框，输入拉伸距离为 **20mm**，创建完成的拉伸切除特征如图 2-90 所示。

04　在【创建】面板中单击【旋转阵列】按钮 ，弹出【实体选择】对话框。选择拉伸切除特征面作为阵列对象，如图 2-91 所示。

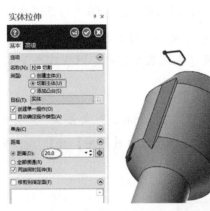

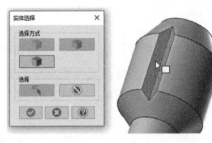

图 2-90　创建拉伸切除特征　　　　　　　　图 2-91　选择阵列对象

05　在弹出的【旋转阵列】选项面板中设置阵列次数为 6 并单击【完整循环】单选按钮，单击【中心点】选项后面的【自动抓点】按钮 ，选取旋转实体的端面中心点为阵列中心点，如图 2-92 所示。

06　单击【确定】按钮 ，完成阵列操作，如图 2-93 所示。

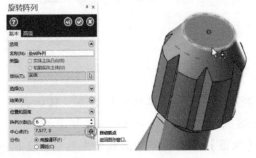

图 2-92　选取阵列中心点　　　　　　　　　图 2-93　创建阵列特征

（7）创建子特征——扫描切除特征

01 设置前视图平面作为当前工作平面。首先绘制图 2-94 中的草图曲线，然后在旋转实体端面绘制图 2-95 中的草图曲线。

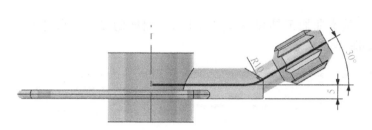

图 2-94　绘制草图曲线　　　　　　　图 2-95　在旋转实体端面绘制草图曲线

02 单击【扫描】按钮 ，弹出【扫描】选项面板。选取步骤 01 中绘制的端面圆曲线作为轮廓串联，再选择扫描路径曲线，如图 2-96 所示。图 2-97 为扫描切除特征的剖面示意图。

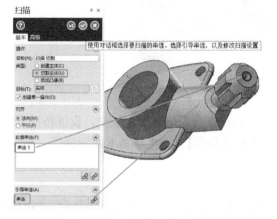
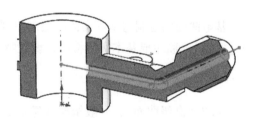

图 2-96　创建扫描切除特征　　　　　　图 2-97　扫描切除特征的剖面示意图

03 至此，整个摇臂零件的建模就完成了，如图 2-98 所示。

图 2-98　摇臂零件

2.3　曲面造型

曲面造型是 Mastercam 2024 三维造型中很重要的部分，对于一般的形状，可以采用实体造型进行解决，但是对于比较复杂的造型，实体往往不能满足要求，这时就需要通过构建曲线，再通过曲线构面，由面再组合成体，达到实体造型达不到的效果。

2.3.1 创建基础曲面

Mastercam 的曲面创建工具包括基本曲面工具和高级曲面工具。曲面创建工具在【曲面】选项卡的【创建】面板中，如图 2-99 所示。

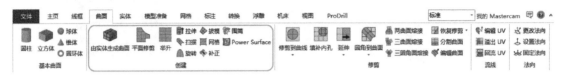

图 2-99　曲面创建工具

基本曲面包括圆柱体、圆锥体、立方体、球体、圆环体五种基本类型，如图 2-100 所示。

图 2-100　基本曲面

基本曲面的绘制与基本实体的绘制原理相同，只是在打开的选项面板中，设置特征方式为【实体】，就生成基本实体特征，设置特征方式为【曲面】，则生成基本曲面特征。

2.3.2 创建高级曲面

所谓"高级曲面"，一般指能够建立复杂外形的曲面工具。在这些曲面命令中，【拉伸】【扫描】【旋转】【举升】【拔模】等命令的执行方式及操作过程与前面的扫掠型实体命令是完全相同的，鉴于篇幅限制，不再赘述。下面仅介绍【由实体生成曲面】【边界平面】【网格】【补正】等功能命令。

1. 由实体生成曲面

单击【由实体生成曲面】按钮，可以将任何实体的表面转换成 NURBS 曲面，此功能等同于复制实体表面产生曲面。

2. 网格曲面

网格曲面是采用一系列的横向和纵向的网格线组成的线架生成网格曲面，如图 2-101 所示。

框选线架生成网格曲面

图 2-101　由线架生成网格曲面

技术要点　　　网格曲面在以前版本的昆氏曲面的基础上改进而来，采用边界矩阵计算出空间曲面，操作方式灵活，并且曲面的边界线可以相互不连接，不相交。

3. 围篱曲面

围篱曲面是采用某曲面上的线直接生成垂直于基础曲面或偏移一定角度的曲面。单击【围篱】按钮，弹出【围篱曲面】选项面板。要创建围篱曲面，必须准备一个曲面和一条曲面上的曲线，如图 2-102 所示。围篱曲面有三种熔接方式，为"固定"熔接方式、"线性锥度"熔接方式与"立体混合"熔接方式，如图 2-103 所示。

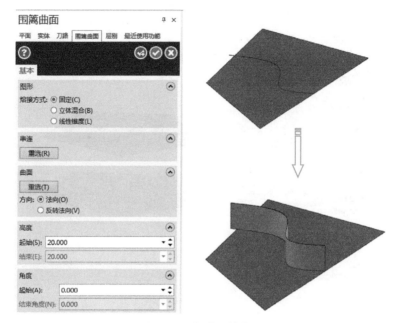

图 2-102　创建围篱曲面

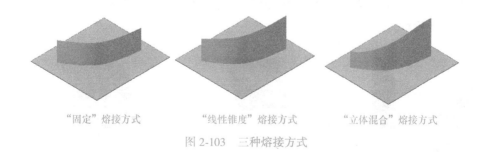

"固定"熔接方式　　　　　　"线性锥度"熔接方式　　　　　　"立体混合"熔接方式

图 2-103　三种熔接方式

4. 边界曲面

边界曲面用于绘制平面形的曲面，要求所选取的截面必须是二维的，并且不需要封闭，会提示用户是否进行封闭处理，如图 2-104 所示。

5. 曲面补正

曲面补正是将选取的曲面沿曲面法向方向偏移一定的距离而产生新的曲面，当偏移方向指向曲面凹侧时，偏移距离要小于曲面的最小曲率半径，创建的偏移曲面如图 2-105 所示。

图 2-104　绘制平面形的曲面

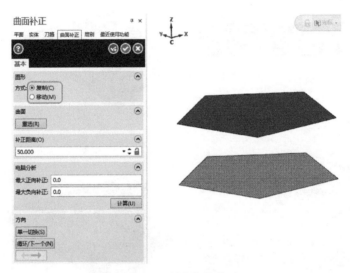

图 2-105　创建偏移曲面

6. 曲面倒圆角

曲面倒圆角有三种形式，为曲面与曲面倒圆角、曲线与曲面倒圆角、曲面与平面倒圆角，如图 2-106 所示。

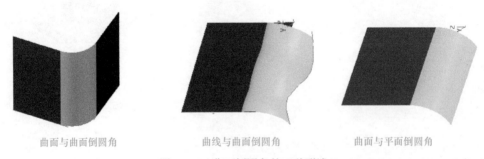

曲面与曲面倒圆角　　　　曲线与曲面倒圆角　　　　曲面与平面倒圆角

图 2-106　曲面倒圆角的三种形式

7. 曲面延伸

曲面延伸工具可以将曲面沿曲面边缘进行延伸。延伸工具包括【延伸】和【延伸到修剪边界】。

【延伸】工具可以修改曲面的边界，是适当扩大或缩小曲面的伸展范围以获得新的曲面的操作方法。但该工具不能延伸修剪曲面的边界，只能在修剪边界上提取边界曲线后使用。

【延伸到修剪边界】与【延伸】工具功能相似，不同的是：【延伸】工具在使用之前，曲面边缘上必须有边界曲线；而【延伸到修剪边界】工具可以直接从曲面边缘开始延伸，不需要准备边界曲线，如图 2-107 所示。

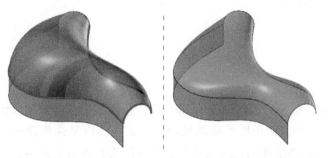

【延伸】：需要边界曲线　　　【延伸到修剪边界】：不需要边界曲线

图 2-107　【延伸】与【延伸到修剪边界】的应用

2.3.3　曲面修剪操作

在 Mastercam 中，曲面修剪操作通常用于剪切或修剪一个曲面或曲线，以使其符合所需的形状或边界。这种操作对于创建复杂的几何体或在制造过程中准确地定义形状非常有用。

1. 曲面修剪

曲面修剪是利用曲面、曲线或平面来修剪另一个曲面，曲面修剪有三种形式：修剪到曲线、修剪到曲面和修剪到平面。

修剪到曲线的范例如图 2-108 所示。

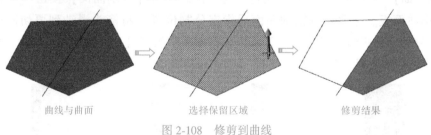

曲线与曲面　　　　　选择保留区域　　　　　修剪结果

图 2-108　修剪到曲线

修剪到曲面的范例如图 2-109 所示。

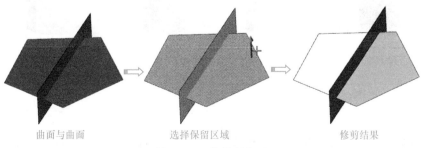

曲面与曲面　　　　　选择保留区域　　　　　修剪结果

图 2-109　修剪到曲面

修剪到平面的范例如图 2-110 所示。

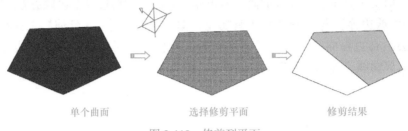

单个曲面　　　　　　　选择修剪平面　　　　　　　修剪结果

图 2-110　修剪到平面

2. 填补内孔

单击【填补内孔】按钮可以对曲面内部的破孔进行填补，与恢复曲面内边界的操作类似，不过填补内孔之后的曲面跟原始曲面是两个曲面，而恢复操作是一个曲面。单击【填补内孔】按钮，选取要填补内孔的曲面后，移动箭头到要选取的内边界，即可填补内部破孔，如图 2-111 所示。

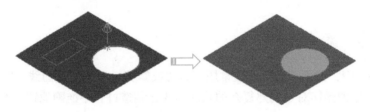

图 2-111　填补内孔

3. 分割曲面

【分割曲面】命令用于对单曲面进行快速分割。单击【分割曲面】按钮，弹出【分割曲面】选项面板。选取要分割的曲面后指定分割位置（将箭头滑动到要切割曲面的位置），随后自动分割曲面。在【分割曲面】选项面板中选择【U】选项或【V】选项可以改变分割方向，如图 2-112 所示。

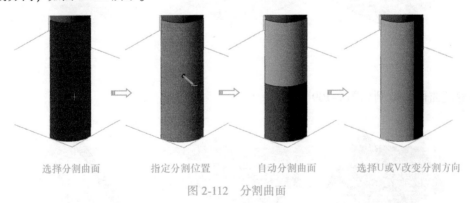

选择分割曲面　　　　指定分割位置　　　　自动分割曲面　　　选择U或V改变分割方向

图 2-112　分割曲面

4. 两曲面熔接

【两曲面熔接】命令通过创建一个相切连续的曲面，将分隔的两个曲面连接在一起，如

图 2-113 所示。

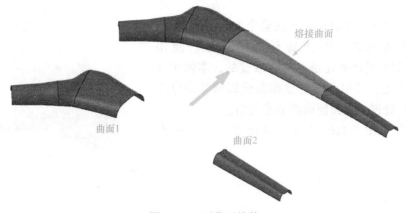

图 2-113 两曲面熔接

5. 三曲面熔接

【三曲面熔接】命令是将三个分割的曲面以曲率连续的方式进行熔接，其创建的熔接曲面分别与三个曲面相切连续，如图 2-114 所示。

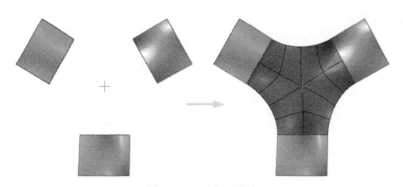

图 2-114 三曲面熔接

6. 三圆角面熔接

【三圆角面熔接】命令仅针对三个圆角曲面来创建熔接曲面，如图 2-115 所示。

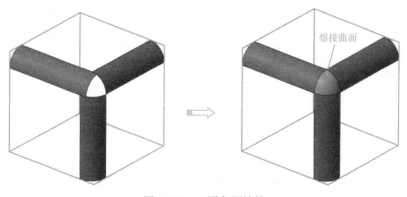

图 2-115 三圆角面熔接

实战案例——绘制自行车坐垫曲面造型

自行车坐垫是人在骑车时承载整个人体重的部件，要求做到曲面光滑，保证骑行的舒适度。使用Mastercam绘制此类产品还是非常有难度的，本例中将巧妙地化解难度，采用曲线熔接和曲面修剪等命令将曲线进行光顺处理，从而使曲面非常光滑。

接下来参照图2-116来绘制自行车坐垫的曲面造型。

图2-116　自行车坐垫的曲面造型

 设计步骤

01 新建 Mastercam 文件。

02 在【线框】选项卡中单击【手动画曲线】按钮 ⟋ ，以确定四个点来绘制样条曲线，四个点的坐标分别为（0,50）、（140,60）、（320,150）、（500,200），绘制完成的样条曲线如图2-117所示。

03 在【线框】选项卡的【绘线】面板中单击【连续线】按钮 ⟋ ，绘制两条直线，如图2-118所示。

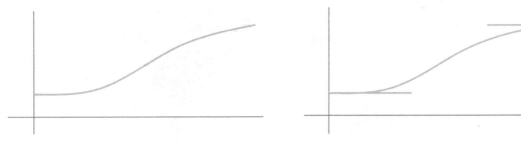

图2-117　绘制的样条曲线　　　　　　　　图2-118　绘制两条直线

04 在【线框】选项卡的【修剪】面板中单击【编辑样条线】按钮 ⟋ ，选取曲线的控制点，将其移动到直线端点，结果如图2-119所示。

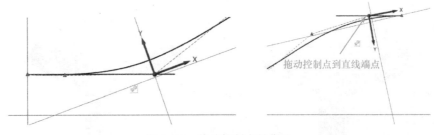

拖动控制点到直线端点

图2-119　修改控制点的位置

05 选中样条曲线，然后在【变换】选项卡中单击【镜像】按钮 ⟋ ，将其镜像复制到X轴的另一侧，结果如图2-120所示。

06 设置右视图剖面为当前工作平面（也是绘图平面）。单击【极坐标画弧】按钮 ，绘制图 2-121 中的圆弧。

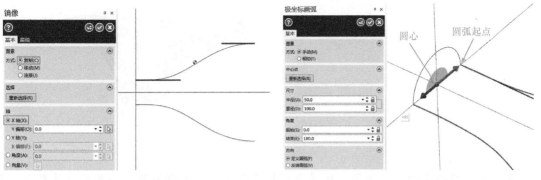

图 2-120 镜像曲线　　　　　　　　　　　图 2-121 绘制圆弧

07 在【线框】选项卡中单击【手动画曲线】按钮 ，绘制经过三个点的样条曲线，样条曲线的第一个点在镜像曲线端点上，第二个点的坐标输入为（0,120,500），第三个点在另一条曲线的端点，绘制完成的样条曲线如图 2-122 所示。

08 在【线框】选项卡的【绘线】面板中单击【连续线】按钮 ，绘制两条长为 120mm 的直线，如图 2-123 所示。

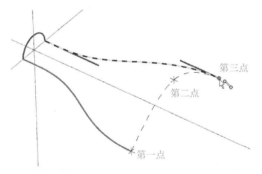

图 2-122 绘制完成的样条曲线

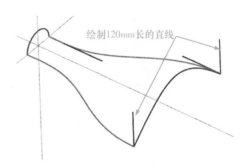

图 2-123 绘制两条直线

09 在【线框】选项卡的【修剪】面板中单击【编辑样条线】按钮 ，分别选取曲线的第二个和第四个控制点，将其移动到刚绘制的直线端点上，如图 2-124 所示。

10 利用【分割】命令将多余的线条删除。删除结果如图 2-125 所示。

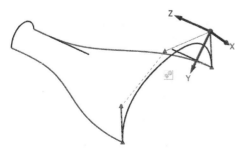

图 2-124 修改控制点

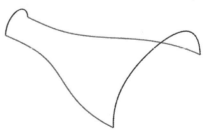

图 2-125 删除多余线条

11 在【曲面】选项卡的【创建】面板中单击【网格】按钮▦，框选四条样条曲线，创建网格曲面，如图 2-126 所示。

图 2-126　创建网格曲面

12 设置前视图为绘图平面。在【线框】选项卡的【曲线】面板中单击【曲线熔接】按钮～，在四条样条曲线的交点处绘制四条熔接曲线，如图 2-127 所示。

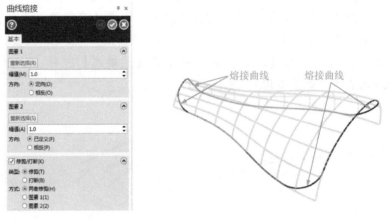

图 2-127　创建熔接曲线

13 在【曲面】选项卡的【创建】面板中单击【围篱曲面】按钮🐑，选取步骤 12 中创建的熔接曲线来创建围篱曲面，如图 2-128 所示。

图 2-128　创建围篱曲面

14 单击【延伸】按钮 ，选取围篱曲面并向内部进行延伸，如图 2-129 所示。同样，将网格曲面向外延伸一定距离，如图 2-130 所示。

图 2-129 创建围篱曲面的延伸

技术要点 　　将网格曲面和围篱曲面都进行延伸的目的是为了使两组曲面能完全相交，并顺利完成曲面修剪操作。

---

15 在【曲面】选项卡的【修剪】面板中单击【修剪到曲面】按钮 ，选取网格曲面为第一组曲面，选取延伸曲面为第二组曲面，网格曲面内部作为保留区域，修剪结果如图 2-131 所示。至此，自行车坐垫曲面的构建就完成了。

图 2-130 延伸网格曲面　　　　　　图 2-131 修剪完成的坐垫曲面

第 **3** 章

AI 辅助 Mastercam 参数化建模

AI 技术被整合到 Mastercam 中，可以帮助用户更快速地创建复杂模型、优化一些刀具路径以提高加工效率，或者重新设计以满足特定需求。尽管过去 AI 在 Mastercam 中的应用相对较少，但如今它的应用正在不断发展和扩大，本章将重点介绍 AI 的辅助设计优势。

 **本章要点**

- 人工智能与 Mastercam 的集成。
- 运行 Mastercam 的加载项设计图形。
- 人工智能辅助 Mastercam Code Expert 脚本设计。
- 人工智能辅助 OpenSCAD 生成三维模型。
- 人工智能生态系统——ZOO。

3.1 人工智能与 Mastercam 的集成

在 Mastercam 建模设计中，AI 可以生成脚本程序，从而完成复杂的设计；也可以利用 AI 大模型生成产品生命全周期方案，以帮助用户提升产品设计能力和减少生产周期；还可以利用 AI 模型生成产品效果图及 3D 模型，用于产品早期的概念设计。

3.1.1 Mastercam 的脚本程序及其作用

Mastercam 的脚本程序主要用于工作流程的自动化和定制化，以提高生产效率和精确度。以下是 Mastercam 的脚本程序及其使用的程序语言。

- Mastercam Macro 宏语言：Mastercam 支持使用宏（Macro）来自动执行一系列操作。宏是由一系列 Mastercam 命令和参数组成的脚本，可以用于自动创建几何图形、定义切削路径、设置工具和刀具路径、生成 G 代码等。Mastercam Macro 使用 Mastercam 自己的宏语言，该语言结构化且易于学习和使用。
- Visual Basic for Applications（VBA）：Mastercam 还支持使用 VBA 脚本编程。VBA 是一种通用的脚本语言，可以用于编写宏和自定义功能。使用 VBA，用户可以通过编写脚本来控制 Mastercam 的各种功能和操作，实现更高级的自动化和定制化。
- C# API：Mastercam 还提供了 C#编程接口，允许用户使用 C#编写插件和扩展，以增强 Mastercam 的功能。使用 C# API，用户可以通过编写代码来访问。

3.1.2　AI 语言大模型 ChatGPT

ChatGPT 是美国 OpenAI 公司研发的一款基于人工智能语言模型的聊天机器人，用户可以与 ChatGPT 进行交互，提问或发起对话，而 ChatGPT 会生成合适的回答，它可以进行对话、回答问题、写作、编程帮助、提供建议等。

> **提示**
>
> 并非只有 ChatGPT 才能应用于 Mastercam 的模型设计，其他语言大模型都能展现此功能，只不过 ChatGPT 是较早出现的人工智能大模型，具有一定的代表性。

ChatGPT 是通过对大量的文本数据进行预训练和微调而成的，这使得它具备了广泛的知识和语言理解能力。虽然 ChatGPT 在许多场景中都表现得很好，但它并不总是完美的。有时，ChatGPT 可能会产生不准确或不相关的回答。

目前，ChatGPT 3.5 版本普通无法直接访问，用户可通过国内专业公司开发的接口平台进行付费使用，以满足特定需求。ChatGPT 3.5 的信息仅局限于 2021 年 9 月之前，但 OpenAI 于 2023 年 3 月 14 日推出了 ChatGPT 4.0，这个版本引入了许多改进和新功能，使得模型在处理复杂问题和生成更自然、连贯的文本方面表现更好。

图 3-1 为网页版的 ChatGPT 交互式界面。

图 3-1　ChatGPT 交互式界面

ChatGPT 作为强大的 AI 助手，可以在 Mastercam 的学习、使用、编程等多个环节为用户提供智能支持。随着技术的不断发展，ChatGPT 在 CAD 和 CAM 领域的应用前景广阔。Chat-

GPT 可以在多个方面协助 Mastercam 的使用和学习。

- 回答 Mastercam 的相关问题：用户可以向 ChatGPT 提出有关 Mastercam 功能、工具、设置等方面的问题，并获得快速、准确的解答。
- 提供操作指导：ChatGPT 可以根据用户的需求，提供 Mastercam 的操作步骤和流程指导，帮助初学者更快上手。
- 分享使用技巧：通过总结 Mastercam 的使用经验，ChatGPT 可以向用户分享各种提高效率、优化加工的实用技巧。
- 协助编程：用户可以将加工需求告知 ChatGPT，从而获得 Mastercam 编程方面的建议和示例代码，简化编程过程。
- 解释术语概念：对于 Mastercam 中的专业术语和概念，ChatGPT 可以给出通俗易懂的解释，帮助用户更好地理解软件。
- 支持多语言：ChatGPT 支持多种语言，可以为全球使用不同语言的 Mastercam 用户提供支持和帮助。
- 持续学习更新：ChatGPT 可以不断学习并积累 Mastercam 相关的新知识，为用户提供最新的信息和问题的解决方案。
- 个性化辅助：ChatGPT 可以根据用户的提问方式和关注点，提供个性化的交流和辅助，提升学习体验。

3.2 运行 Mastercam 的加载项设计图形

Mastercam 的加载项（也是插件）是指可添加到 Mastercam 主程序中以扩展其功能的软件组件。这些加载项可以提供特定的功能，比如高级工具路径选项、仿真能力、专业的加工策略等，以适应不同用户的特定需求。

Mastercam 的加载项可以由个人用户、Mastercam 经销商、第三方应用程序开发商或 CNC Software、LLC 创建。

3.2.1 内置加载项的应用

Mastercam 的加载项有内置加载项（即系统自带的插件）和第三方加载项之分，内置加载项可以扩展以下功能。

- 多轴加工：专为复杂的多轴加工任务设计的加载项，能够生成复杂形状的工具路径。
- 固体和曲面建模：提高 Mastercam 中三维模型创建和编辑能力的加载项。
- 模拟和验证：用于模拟和验证切削过程的加载项，以确保工具路径的正确性和高效性。
- 产品数据管理：帮助管理工程数据和工作流程的加载项，确保项目数据的一致性和安全性。
- 特定应用程序：针对特定行业或应用（如木工、牙科或珠宝设计）定制的加载项，提供专业的工具和功能。

Mastercam 内置加载项的详细介绍见表 3-1。

表 3-1 Mastercam 的内置加载项

内置加载项	描　　述
外部数据转换	
DXFRescuer（DXF 文件转换）	从 AutoCAD 加载和转换非标准 DXF 数据
MCDigitize（MC 数字化）	通过从数字化设备（比如平板电脑）输入点、线和样条曲线
Prob2Spl	将 3D（XYZ）、5D（XYZ AB）或 8D（XYZ AB UVW）探针中心数据转换为样条线。常用于使用三坐标测量仪进行扫描的逆向工程
线框几何形状	
Arc MultiEdit（多圆弧编辑）	同时将多个不同大小的圆弧调整为相同半径、偏移及比例的圆弧
Asphere（非球面几何曲线）	可创建非球面的几何曲线，如双曲线、抛物线、椭圆曲线、圆锥曲线等
BreakCircles（打断圆）	将整圆打断成多段圆弧
FindOverlap（重叠检查）	查找并删除重叠实体
Fplot（方程式图形）	通过输入数学方程式来绘制图形
Gear（齿轮）	创建渐开线外齿轮或内齿轮图形，可以绘制一颗齿的图形或所有齿的图形
GridPock（网格填充）	用点或圆填充型腔内的面，或沿型腔的边界来绘制点
MedialAxis（中轴）	在封闭型腔边界的中轴上生成几何图形
Pts2Arcs（按点绘圆）	围绕所有选定点创建圆圈
SortCircles（排序圆）	对零件中的所有完整圆进行排序，首先按大小排序，然后按视图排序
Sprocket（链轮）	创建链轮的几何形状
Txtchain（文本链）	在直线、曲线和其他几何实体上创建单行文本
vHelix（平面螺旋曲线）	创建具有可变螺距的平面螺旋曲线
zSpiral（三维螺旋曲线）	创建具有特定高度和直径的三维螺旋曲线
曲面和实体	
ConsToSpline（参数样条曲线）	将曲面、曲线转换为参数样条曲线
CoonsSurf（网格曲面）	从曲线网格创建曲面，称为 Coons 曲面
CreateBoundary（边界曲线）	基于曲面、实体或实体面创建边界曲线，可用作加工区域
CreateFillets（曲面圆角）	在曲面和实体相交处创建圆角
FlattenSurf（曲面平面化）	将三维曲面（非平面）转换为平面
Map（映射曲线）	将曲线从一个曲面映射到另一个曲面
Rev2Rev（曲面转 U/V 面片）	根据指定数量的 U/V 面片将曲面转换为新曲面
STLHeal（STL 间隙修复）	修复 STL 文件中的间隙
刀具路径实用程序	
AgieReg	为 AgieVision 控件（用于电火花加工的增强插件）提供数据输入
Arc3D（曲线拟合）	在刀路操作中，将线性移动转换为 2D 或 3D 弧线
Automatic Toolpathing（ATP） 自动刀具路径（ATP）	导入零件文件并自动将刀具路径分配给几何体并嵌套刀具路径，这通常用于机柜应用，是 Mastercam 的附加组件
Comp3D（表面补偿）	将表面补偿矢量添加到 3 轴表面刀具路径，以支持具有 3D 刀具补偿的机器控制
Rolldie（创建绕轴刀路）	围绕旋转轴创建刀具路径
ThreadC（优化螺纹加工）	提供了一系列工具和功能，使用户能够在 Mastercam 环境中轻松地创建、编辑和优化螺纹加工路径
后处理器、机器定义、控制定义	
MPBin（PST 文档加密）	使用 MPBin 实用程序对后处理器（.PST 或 .MCPOST）或设置表（.SET）文件的全部或部分进行加密。这可以让经销商和帖子开发者保护他们的帖子不被未经授权的用户编辑或查看，通常称为"合并"帖子

（续）

内置加载项	描 述
后处理器、机器定义、控制定义	
UpdatePost（更新后处理器）	将后处理器从早期版本的 Mastercam 升级到当前版本
SteadyRest（定义组件边界）	定义车床的现有加工中心组件的边界
MD_CD_PST_Rename（重命名）	重命名后处理器、机器定义和控制定义
屏幕和视图	
BlankDuplicates（清理重复项）	找到重复的实体并将其清空，而不是删除
Metafile（保存图元文件）	将图形窗口的内容保存到 .EMF 文件
3D Annotation Finder（3D 注释查找器）	找到与选定几何体关联的 3D 注释
支持实用程序	
Control Definition Compare 控制定义比较	比较两个控件定义（或其后文）并突出显示差异

实战案例——应用内置加载项绘制图形

在本案例中，将通过内置加载项的应用程序文件来绘制链轮图形。

01 启动 Mastercam 2024 并进入工作环境中。

02 在【主页】选项卡的【加载项】面板中单击【运行加载项】按钮，弹出【打开】对话框。

03 此时系统会自动进入存放 Mastercam 加载项文件的路径中，选择 Sprocket.dll 文件并单击【打开】按钮打开，如图 3-2 所示。

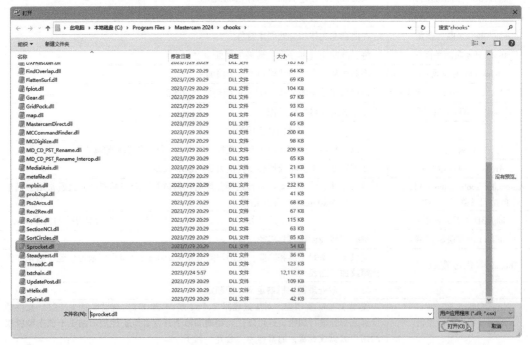

图 3-2　打开加载项文件

04 自动弹出【链轮】对话框，并在图形区显示图形预览，如图 3-3 所示。

05 在【链轮】对话框中设置好链轮参数及选项后，单击【确定】按钮完成链轮图形的绘制，如图 3-4 所示。

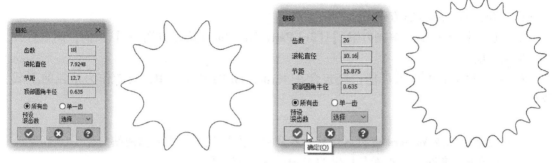

图 3-3 【链轮】对话框及预览图形   图 3-4 绘制链轮图形

06 在【实体】选项卡中单击【拉伸】按钮，选取链轮图形作为线框串连，如图 3-5 所示。

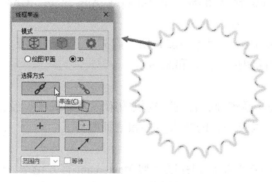

图 3-5 选取线框串连

07 在【实体拉伸】选项面板中输入拉伸距离为 10，最后单击【确定】按钮，完成链轮模型的创建，如图 3-6 所示。

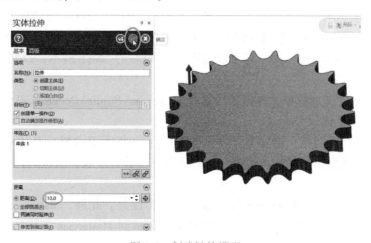

图 3-6 创建链轮模型

3.2.2 第三方加载项的应用

用户可以通过以下几种渠道获取 Mastercam 的第三方加载项。

1. Mastercam 官方网站

1）访问 Mastercam 官方网站。

2）进入【Solutions（解决方案）】|【3rd Party Add-Ons（第三方插件）】页面，浏览官方提供的加载项。

3）一些常用的加载项可能已经包含在 Mastercam 的安装包中，或者作为单独的下载提供。

2. 第三方供应商网站

通过搜索引擎或 Mastercam 社区论坛，找到第三方加载项的供应商网站。

1）访问供应商网站，查看其提供的 Mastercam 加载项。

2）下载所需的加载项安装包，并按照供应商提供的说明进行安装和配置。

3. CAD/CAM 软件市场

一些在线的 CAD/CAM 软件市场，如 Autodesk App Store、CAM-Market 等，提供各种 CAD/CAM 软件的插件和加载项。

1）搜索并找到与 Mastercam 兼容的加载项，购买或下载试用版。

2）按照市场提供的说明进行安装和激活。

4. Mastercam 经销商

联系当地的 Mastercam 经销商，咨询其提供的第三方加载项。经销商可能会提供一些特定行业或应用的加载项，以及相关的技术支持和培训服务。

5. 在线论坛和社区

1）参与 Mastercam 的在线论坛和社区，如 Mastercam 官方论坛、CNCZone 等。

2）在论坛中搜索和询问关于第三方加载项的信息和用户体验。

3）一些用户可能会分享自己开发的加载项或提供下载链接。

3.2.3 用户自定义加载项

要创建和添加实用程序，用户必须具备必要的 C、C++、C#和/或.NET 编程技能以及适当的开发工具来编译和链接用户的程序。C-Hooks 使用 C 和 C++编写，而 NET-Hooks 使用 Visual Basic.NET 或 C#编写。用户还可以创建用 C#编写的.NET 脚本，以便在 Mastercam 中使用。

用户创建的自定义加载项文件需要放置在 C:\Users\Public\Documents\Shared Mastercam 2024\Add-Ins 文件夹中。

在 Mastercam 官方网站，第三方开发人员提供了一些用于设置、调试 C-Hooks 和 NET-Hooks 的文档，以及可供下载的示例项目，但必须是具有有效维护权限的注册用户才能访问这些文档。

所包含的 API 公开了 Mastercam 的大量功能和特性集。此外，Mastercam 还提供了许多有用的插件，并且提供了多种方法，供用户将插件集成到 Mastercam 工作区中，以进一步自定义界面。

接下来讲解如何运用人工智能来帮助用户创建自定义的加载项——插件脚本。

3.3 人工智能辅助 Mastercam Code Expert 脚本设计

无论用户使用何种编程软件来开发脚本程序，都可以利用人工智能进行自动生成，也能相互转换编程语言。

Mastercam Code Expert 是 Mastercam CAD/CAM 软件的一个功能模块，主要用于编写 NC 代码、VBA 程序代码及函数关系式等程序。Mastercam Code Expert 的工作界面如图 3-7 所示。以下是 Mastercam Code Expert 功能的主要特点。

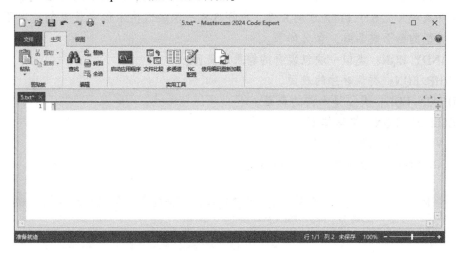

图 3-7　Mastercam Code Expert 的工作界面

（1）G 代码编程
- 支持多种机床控制器语法。
- 提供丰富的编程辅助工具。
- 支持程序调试和优化。

（2）VBA 宏程序编写
- 可以编写自定义的 VBA 宏程序。
- 用于实现 Mastercam 软件的二次开发。
- 增强 Mastercam 的功能和自动化。

（3）函数关系式驱动图形绘制
- 支持编写各种数学函数关系式。
- 可以在 Mastercam 的加工环境中调用这些函数。
- 用于实现复杂的几何造型和生成加工路径。

（4）程序管理功能
- 支持多种代码类型的同时管理。
- 提供版本控制和比较功能。
- 支持各种格式的导入导出。

在 Mastercam 中创建数学方程式的曲线，要用到内置加载项里的 Fplot（方程式图形）插件，然后通过 Mastercam Code Expert 来编写代码。

在 Mastercam 中，数学方程式也称函数关系式，有一套具有 Mastercam 软件特色的编码规则，无论是手动编写代码或是利用 AI 生成代码，都要遵循这个规则。

实战案例——利用 ChatGPT 生成螺旋线函数式

接下来介绍利用 ChatGPT 生成螺旋线函数式的操作步骤。

01 在 Mastercam 2024 中，单击【主页】选项卡的【加载项】面板中的【运行加载项】按钮⚙，在打开的 Mastercam 加载项的路径中双击 fplot.dll，随后在【chooks】文件夹中可见 6 个 Fplot 示例文件，如图 3-8 所示。这些示例文件可创建出不同函数类型的曲面或曲线，含义如下。

- CANDY. EQN：类似一块包装好的糖果的表面。
- CHIP. EQN：类似薯片的表面。
- DRAIN. EQN：类似排水沟的表面。
- ELLIPSD. EQN：椭球体面。
- INVOL. EQN：渐开线曲线。
- SINE. EQN：正弦曲线，$y = \sin(x)$。

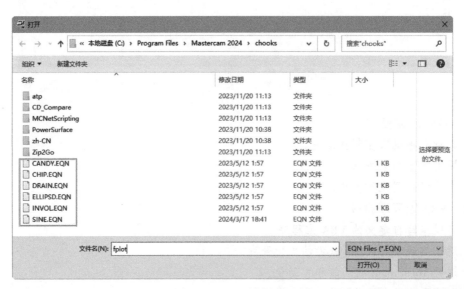

图 3-8　Fplot 示例文件

02 选择 INVOL. EQN 示例文件并单击【打开】按钮打开，随后弹出【函数绘图】对话框，如图 3-9 所示。【函数绘图】对话框各选项含义如下。

- 编辑程序：在 Mastercam Code Expert 编辑器中打开当前文件以进行编辑。
- 打开文件：可返回到【chooks】示例文件夹中选择不同的 EQN 文件。
- 设置变量：打开【变量】对话框，如图 3-10 所示。为 Fplot 函数方程中的每个变量输入一个值范围。例如，如果方程为 $y = \sin(x)$，就输入要计算 y 的 x 值范围，然后输入步长。Mastercam 在每一步都会评估方程，确保每个变量的名称与 EQN 文件中存储的变量名称匹配。

图 3-9 【函数绘图】对话框　　　　　　图 3-10 【变量】对话框

- 使用度：在度数和弧度之间切换。
- 追踪变量：将方程、显示参数和变量值等写入 fplot. log。单击【绘制】按钮后将显示日志。
- 原点：定义几何体的新原点。
- 几何列表：几何列表中包括绘制曲线、点、线、设置所选方程的几何输出类型等。几何设置可以包含在 EQN 文件中。有关详细信息请参阅可用操作和常量下拉列表。
- 绘制：在图形窗口中绘制函数曲线。

03 单击【编辑程序】按钮，在 Mastercam Code Expert 界面中查看示例曲线的函数关系式，如图 3-11 所示。

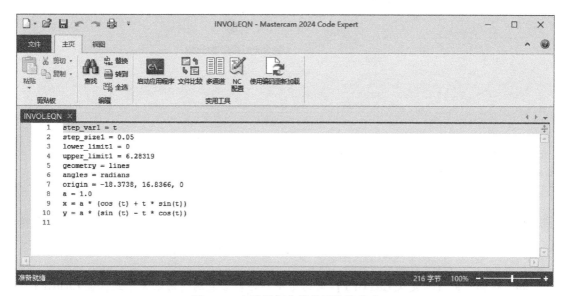

图 3-11　查看示例曲线的函数关系式

提示

Mastercam Code Expert 可用的数学运算符和常数见表 3-2。

表 3-2　数学运算符和常数

运　算　符	描　　述	运　算　符	描　　述
(x)	括号	cos (x)	余弦
(-x)	一元减号	tan (x)	正切
x^y	求幂	asin (x)	反正弦
x * y	乘法	acos (x)	反余弦
x/y	除法	atan (x)	反正切
x+y	加法	exp (x)	指数（e 的 x 次方）
x-y	减法	ln (x)	自然对数 $\log_e(x)$
abs (x)	绝对值	log (x)	对数 $\log_{10}(x)$
sqrt (x)	平方根	pi	3.14（大约）
sin (x)	正弦	e	2.71（大约）

04 框选所有的函数关系式，然后按 Ctrl+C 组合键复制到剪贴板备用。

05 在浏览器中打开 ChatGPT 3.5 的页面，在页面左下角的用户账户名位置处单击，在弹出的菜单中选择【自定义 ChatGPT】命令，如图 3-12 所示。

图 3-12　选择【自定义 ChatGPT】命令

06 在弹出的【自定义 ChatGPT】对话框中粘贴前面复制的函数关系式，让 ChatGPT 学习如何正确生成函数式，粘贴后单击【保存】按钮，如图 3-13 所示。

07 接着在 ChatGPT 的聊天界面中输入聊天信息（也叫提示词）："请生成螺旋线的函数式，Mastercam Code Expert 格式。"发送消息后，ChatGPT 会及时生成答案，如图 3-14 所示。

图 3-13　粘贴复制的函数关系式　　　　　　　图 3-14　与 ChatGPT 聊天

08 将 ChatGPT 生成的代码（黑色代码框内）复制，返回到 Mastercam Code Expert 界面中，单击【新建】按钮 ，新建一个代码文件（txt 文件），然后将 ChatGPT 生成的代码粘贴到新文件中，如图 3-15 所示。

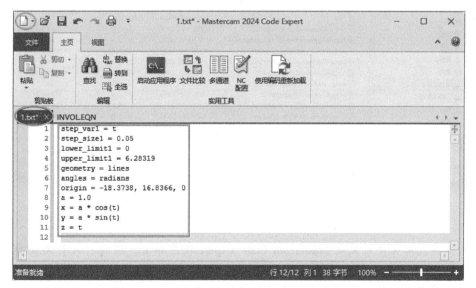

图 3-15　新建代码文件并粘贴代码

> **提示**
>
> 这个函数式描述了一个沿着 z 轴方向延伸的螺旋线。如果要改变螺旋线的参数，可更改以下内容。

- step_var1 = t：这里定义了一个变量 step_var1，其值为 t。在螺旋线中，通常使用参数 t 来表示曲线的位置。
- step_size1 = 0.05：这是步长，表示每次增加的 t 值。在这种情况下，t 值每次增加 0.05。
- lower_limit1 = 0 和 upper_limit1 = 6.28319（为方便更改参数，可改为 2 * 3.1415926）：这些是参数 t 的范围，表示旋转一圈是从 0 到 2π（即 6.28319）。
- geometry = lines 和 angles = radians：这些定义了螺旋线的几何形状和角度单位。在这里，几何形状是直线，角度单位是弧度。
- origin = −18.3738, 16.8366, 0：这是螺旋线的起点坐标。
- a = 1.0：这是一个常数，用于控制螺旋线的半径大小。
- x = a * cos(t)、y = a * sin(t)、z = t：这些是螺旋线的参数方程式，用来计算螺旋线上任意点的坐标。在这里，x 和 y 分别表示点在水平和垂直方向上的位置，而 z 表示点沿着 z 轴的位置，其值与参数 t 相等。

09 单击【保存】按钮 💾，将代码文件保存在 C：\Program Files\Mastercam 2024\Extensions 路径中，并用数字或英文的形式命名，如图 3-16 所示。

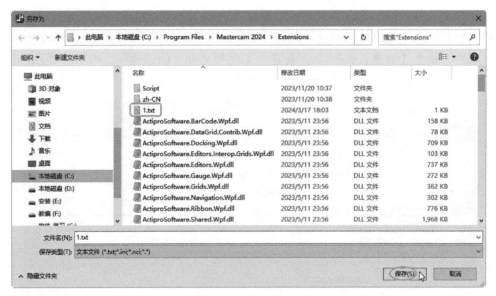

图 3-16 保存代码文件

10 保存代码文件后关闭 Mastercam Code Expert 软件界面。在【打开】对话框中单击【打开】按钮，将保存的代码文件打开，如图 3-17 所示。

11 在【函数绘图】对话框中单击【绘制】按钮，Mastercam 图形区中会自动创建螺旋线，如图 3-18 所示。

12 如果需要更改螺旋线参数，单击【编辑程序】按钮，在弹出的 Mastercam Code Expert 软件界面中更改参数。可更改【upper_limit1】【a】值和【z】值。【upper_limit1】的值（控制圈数）改为 N * 3.1415926，N 为自然数；【z】值控制螺旋线的高度（每增加 1 倍高度，就输入 N * t。比如增加 2 倍高度，则修改为 2 * t）；【a】值能控制半径，修改参数后再次创建的螺旋线如图 3-19 所示。

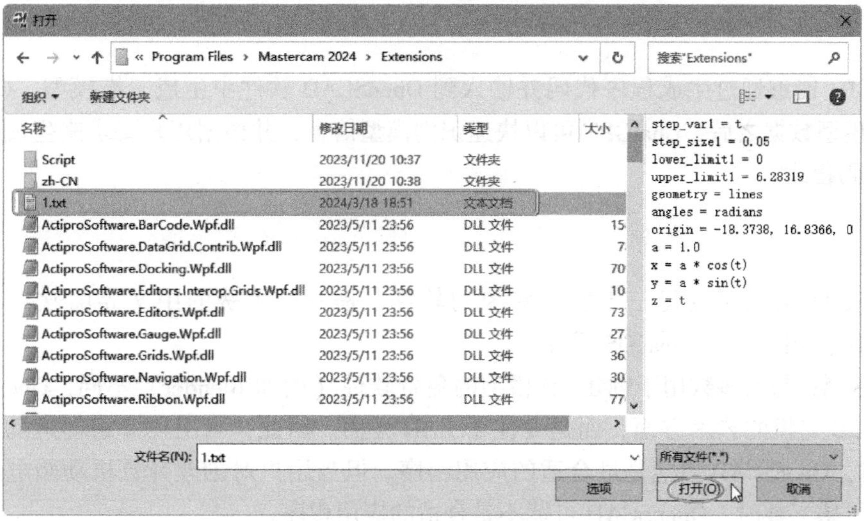

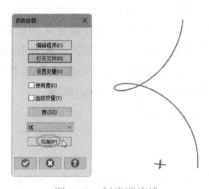

图 3-17 打开代码文件

图 3-18 创建螺旋线

图 3-19 修改参数并创建螺旋线

13 最后将文件保存。

3.4 人工智能辅助 OpenSCAD 生成三维模型

ChatGPT 能够通过生成程序代码并输入到 OpenSCAD 软件中生成三维模型，OpenSCAD 导出三维模型数据之后，ChatGPT 可以快速识别模型信息，并根据用户要求来生成加工工艺或者 G 代码程式。

3.4.1 下载 OpenSCAD

OpenSCAD 是用于创建三维实体对象的软件，是一款免费的中文界面软件，可用于 Linux/UNIX、Windows 和 macOS 系统。

OpenSCAD 与大多数用于创建 3D 模型的免费软件（例如 Blender）不同，OpenSCAD 并不专注于 3D 建模的艺术方面，而是专注于 CAD 方面。因此，当用户计划创建机器零件的 3D 模型时，OpenSCAD 可能是最合适的应用程序。但当用户对创建计算机动画电影或有机逼真模型更感兴趣时，OpenSCAD 可能不是合适的应用程序。

与许多 CAD 产品不同，OpenSCAD 不是交互式建模工具，而是更类似于 2D/3D 编译器，能读取描述对象的程序文件并从该文件渲染模型。这使用户可以完全控制建模过程，能够轻松更改建模过程中的任何步骤，并进行由可配置参数定义的设计。

OpenSCAD 有两种主要的操作模式：预览和渲染。使用 3D 图形和计算机 GPU 进行预览相对较快，但只能输出一个模型的近似值，并且可能会产生伪影，预览使用的是 OpenCSG 和 OpenGL。渲染能生成精确的几何体和完全细分的网格。

OpenSCAD 提供了两种类型的 3D 建模。

- 构造立体几何（CSG）。
- 将 2D 图元拉伸成 3D。

下载 OpenSCAD 的官方网站是 https：//openscad.org/index.html，官网下载页面如图 3-20 所示。下载的文件为 OpenSCAD-2021.01-x86-64-Installer.exe。

图 3-20　OpenSCAD 官网下载页面

3.4.2　安装 OpenSCAD 中文版

OpenSCAD 是多语言软件安装程序，完成程序安装后，OpenSCAD 会根据用户所处地理位置以自动启用"界面本地化"，无需用户指定软件界面语言。

实战案例——安装 OpenSCAD 中文版

本实战将对 OpenSCAD 中文版的安装方法进行详细介绍，具体操作步骤如下。

01　双击 OpenSCAD-2021.01-x86-64-Installer.exe 程序，开始安装。在安装窗口中，修改安装路径（一般安装在 C 盘、D 盘或 E 盘），然后单击【Install】按钮，如图 3-21 所示。

02　安装完成后单击【Close】按钮结束安装，如图 3-22 所示。

图 3-21　修改安装路径

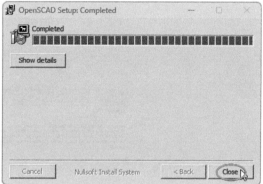

图 3-22　完成安装

03　在桌面上双击 OpenSCAD 软件的图标，启动 OpenSCAD 欢迎界面，如图 3-23 所示。在欢迎界面中可单击【打开】按钮，打开 OpenSCAD 的示例文件进行学习，或者单击【新建】按钮新建 OpenSCAD 文件，并进入到 OpenSCAD 工作界面中。

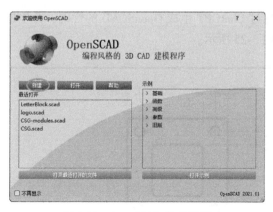

图 3-23　OpenSCAD 软件界面

> **提示**
>
> 如果桌面上没有 OpenSCAD 软件的图标，可从 Windows 系统的【所有程序】中找到该程序，然后将其发送到桌面或固定到"开始"屏幕上。

04 图 3-24 为 OpenSCAD 的工作界面。工作界面窗口的左侧区域为代码编辑区,也称"编辑器",中间黄色背景区域为模型预览区,下方是代码控制台和错误提示区,窗口右侧区域为定制器,可以定制软件功能的各种选项。

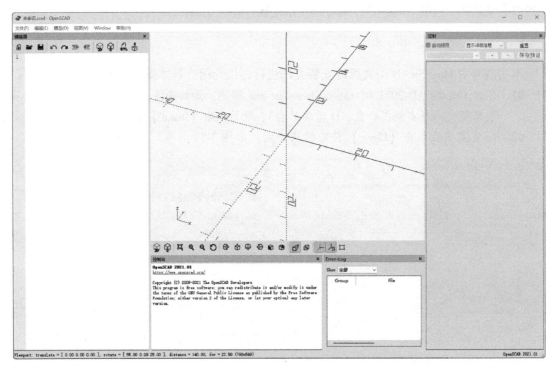

图 3-24　OpenSCAD 的工作界面

3.4.3　从 ChatGPT 到 OpenSCAD

下面详细介绍如何通过 ChatGPT 生成 OpenSCAD 的代码,并生成所需的零件模型。要生成的模型尺寸及形状如图 3-25 所示。

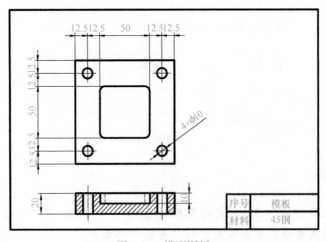

图 3-25　模型图纸

实战案例——生成 OpenSCAD 代码以创建模型

生成 OpenSCAD 代码以创建模型的操作步骤如下。

01 在 ChatGPT 4.0（也可使用 ChatGPT 3.5 模型）中，将模型的形状及大小进行详细描述，以便让 ChatGPT 能够正确生成 OpenSCAD 代码。描述模型形状及大小后发送信息，如图 3-26 所示。

> 请为我生成一块矩形模板的OpenSCAD代码，这块模板的形状和大小描述如下：模板整体尺寸为100mm×100mm×20mm，模板中分布有4个Ø10的通孔贯穿模板。4个孔的圆心与模板边的距离为12.5mm。模板中心有一个50mm×50mm的矩形凹槽，凹槽深度为10mm，凹槽的四个角有倒圆角处理，圆角半径为R5。|

图 3-26　向 ChatGPT 描述模型并发送信息

02 ChatGPT 自动生成了 OpenSCAD 代码，如图 3-27 所示。单击【Copy code】按钮将代码复制。

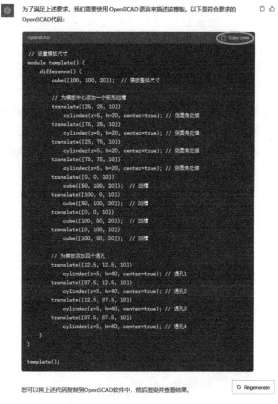

图 3-27　自动生成的 OpenSCAD 代码

03 新建 OpenSCAD 文件并进入 OpenSCAD 的工作界面中，将复制的代码粘贴到软件窗口左侧的编辑器中，再单击模型预览区底部的【预览】按钮，查看预览生成的模型是否符合要求，如图 3-28 所示。

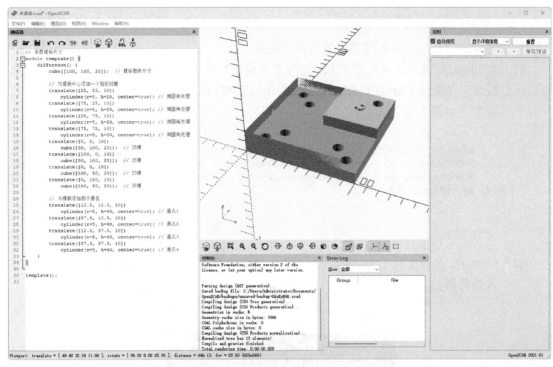

图 3-28　预览模型

04　预览结果跟理想结果的差距还是较大的，所以需要在 ChatGPT 中继续修正代码。特别是倒圆角处理的部分代码竟然出现在了凹槽代码的前面，这显然不符合用户的需求。从模型预览看，凹槽变成了凸起，而且位置也不在模板的中心。凹槽的圆角处理也变成了 4 个孔，如图 3-29 所示。

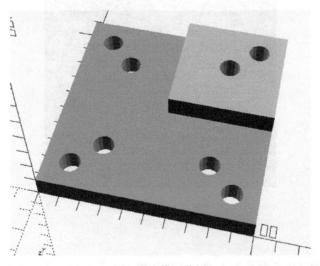

图 3-29　模型分析

05　返回到 ChatGPT 中，描述出错的问题，使其重新生成代码，如图 3-30 所示。

你生成的OpenSCAD代码能够生成模型，但与我描述的模型相距甚远。问题有三：一是模板中间的是凹槽，不是凸台；二是凹槽没有在模板中心，凹槽的中心和模板的中心是重合的；三是凹槽的圆角处理，你错误的理解为孔，且圆角的深度必修与凹槽深度相同，不能贯穿整个模板。请修正错误后重新生成OpenSCAD代码。

图 3-30　问题描述

提示

问题描述的方式有很多种，就算对同一个问题进行多次同样的描述，出来的结果也是不相同的，因为 ChatGPT 不会重复相同的答案。笔者在这里仅仅是演示，希望大家不要据此来提问为什么会这样。

---

06 ChatGPT 又给出了新的 OpenSCAD 代码，如图 3-31 所示。将 OpenSCAD 代码进行复制。

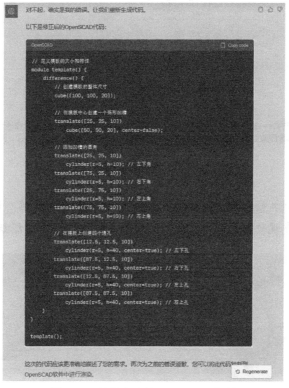

图 3-31　重新生成的 OpenSCAD 代码

07 将复制的代码粘贴到 OpenSCAD 的编辑器中，使其覆盖原代码，并预览模型，如图 3-32 所示。

08 从预览的模型可以看出，此次结果比之前要好很多，基本上是按照描述的需求来生成的结果，但是有一个细节问题，就是这个凹槽的圆角是按照实际工作中设计师设计的模板来创建的。这应该是描述问题不准确导致的结果，因为描述为"凹槽的四个角有倒圆角处理"，ChatGPT 就理解为当前样式。接下来修改描述，重新表述为"凹槽的四个角有圆弧过渡，且圆弧半径为 R5"，如图 3-33 所示。

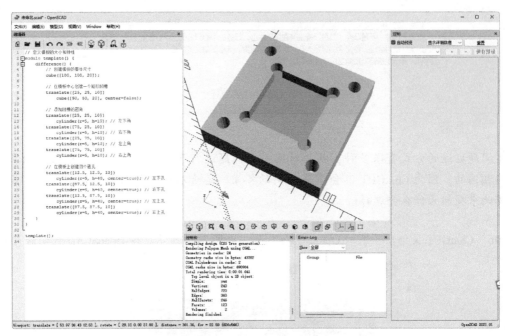

图 3-32　粘贴新代码并预览模型

本次生成的OpenSCAD代码效果非常不错。但我要重新表述一下凹槽的圆角。重新表述为"凹槽的四个角有圆弧过渡，且圆弧半径为R5"，其他不用改动，请重新生成代码。 ▶

图 3-33　修改圆角的表述

09 将新代码复制并粘贴到 OpenSCAD 编辑器中，覆盖原代码，模型预览如图 3-34 所示。但最后发现效果不理想，遂决定采用上一次代码的模型结构，如图 3-35 所示。

图 3-34　重新生成的模型

图 3-35　决定采用的方案

> **提示**
>
> 如果 ChatGPT 没能正确生成所需的代码，用户也可以重新建立与 ChatGPT 的对话，将第一段文本描述重新修改。修改错误时需要有耐心，可以和 ChatGPT 多交流几次，直到得到满意的结果为止。

10 在预览区底部单击【绘制】按钮 ，生成模型。然后在菜单栏中执行【文件】|【另存为】命令，将文件保存。

3.4.4 将模型转入 Mastercam

OpenSCAD 生成的模型并不能直接在 Mastercam 中打开使用，还需要进行格式转换。OpenSCAD 与 Mastercam 互导的文件格式有 STL、3MF、AMF 等。

实战案例——转换 OpenSCAD 模型

下面介绍转换 OpenSCAD 模型的操作步骤。

01 在 OpenSCAD 中，执行菜单栏的【文件】|【导出】|【导出为 STL】命令，如图 3-36 所示。

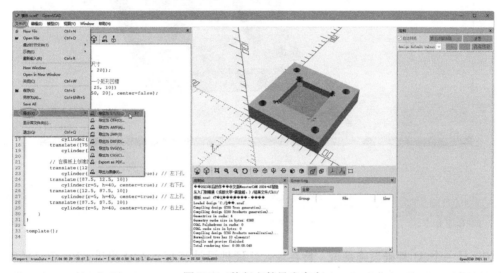

图 3-36　执行文件导出命令

02 将 OpenSCAD 文件导出为 STL 格式，并为文件命名，如图 3-37 所示。

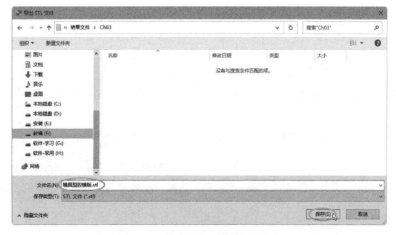

图 3-37　导出为 STL 格式并命名

03 通过 Mastercam 2024 将保存的 STL 文件打开，即可在 Mastercam 中进行模型编辑、数控编程等工作，如图 3-38 所示。

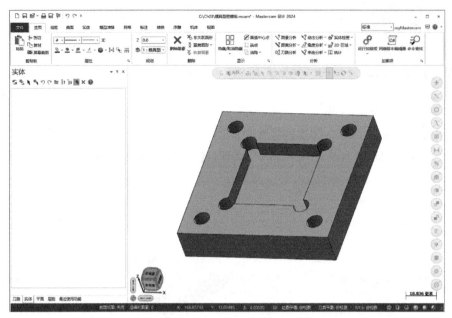

图 3-38　在 Mastercam 2024 中打开模型

3.5　人工智能生态系统——ZOO

ZOO 是一个 AI 基础设施系统，旨在现代化硬件设计流程。ZOO 提供 GPU 驱动的工具，可以通过开放 API 使用或构建。用户可以开发自己的工具，也可以使用预构建的工具，例如 KittyCAD 和 ML-ephant。这个基础设施通过远程流和自动扩展等功能来加速设计过程。

ZOO 系统有两大工具：文本转 CAD（Text-to-CAD）和可视化建模程序。ZOO 系统的主页网站为 https://zoo.dev/，主页页面如图 3-39 所示。

图 3-39　ZOO 系统主页页面

本节主要介绍 AI 工具 Text-to-CAD。

Text-to-CAD（文本转 CAD）是功能强大的工具，可让用户根据文本提示生成 CAD 三维模型。下面以创建 CAD 模型的示例来详解 Text-to-CAD 的使用方法。

实战案例——用 Text-to-CAD 创建 CAD 模型

用 Text-to-CAD 创建 CAD 模型的操作步骤如下。

01 Text-to-CAD 工具是独立的 AI 平台，可通过在浏览器中输入网址 https：//text-to-cad. zoo. dev/dashboard 打开，如图 3-40 所示。也可在 ZOO 系统主页的顶部选择【产品】|【文本转 CAD】命令来打开。

图 3-40　Text-to-CAD 平台

> **提示**
>
> Text-to-CAD 的工作界面默认为英文，可通过浏览器下载扩展程序"谷歌翻译"，对英文网页进行翻译。

02 在使用 Text-to-CAD 之前，用户可参阅平台页面底部的"提示写作技巧"，里面列出了如何输入提示词及注意事项。

03 初次使用 Text-to-CAD 的用户可选择【提示示例】中的示例来示范操作，比如选择"21 齿渐开线斜齿轮"，单击【提交】按钮后将自动生成 21 齿的斜齿轮，如图 3-41 所示。

04 单击左上角的【新提示+】按钮，返回到 Text-to-CAD 的初始界面。在提示词文本框中输入"创建一块模具模板，长、宽和高分别为 50mm、50mm 和 20mm，模板四个角倒圆角处理，圆角半径 10mm，在圆角半径的中心点上创建直径为 10mm 的小圆孔，模板中间创建矩形框，边长为 20mm，四个角倒圆角、半径为 2.5mm"，然后单击【提交】按钮，如图 3-42 所示。

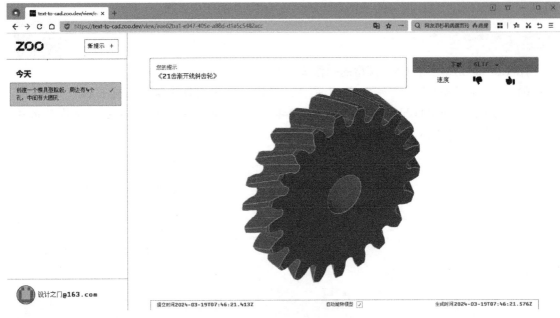

图 3-41　自动创建斜齿轮

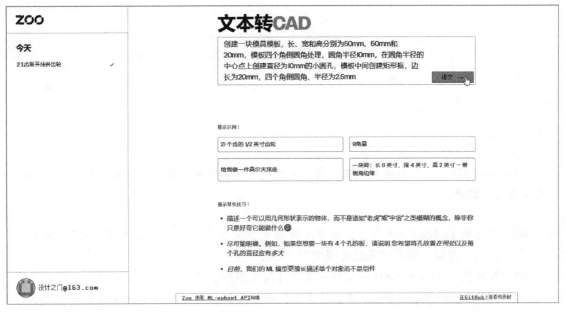

图 3-42　输入提示词

05　稍后会自动生成模板零件模型，如图 3-43 所示。

06　在页面右上角的【DOWNLOAD】列表中选择【STL】文件格式，会自动下载模型文件，如图 3-44 所示。

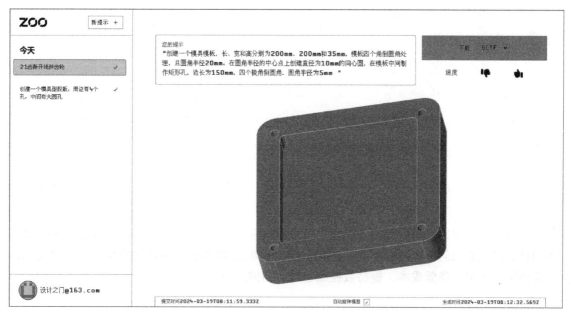

图 3-43　自动生成模板零件模型

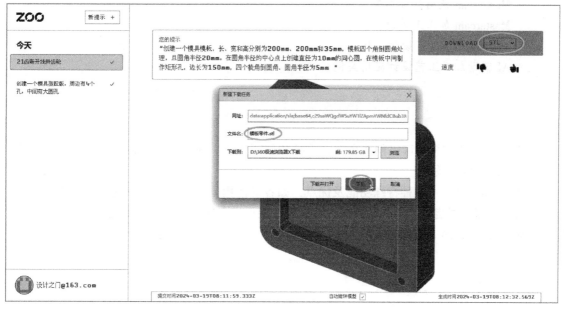

图 3-44　下载模型文件

第 **4** 章

探索 AI 辅助加工工艺设计

本章将详细探讨如何利用人工智能（AI）来辅助加工工艺的设计。我们将讨论 AI 的基本原理，以及它如何被应用在加工工艺设计中。同时也将展示一些具体的例子，以说明 AI 在提高加工效率、降低成本、提高数控编程等方面的潜力。

本章要点

- Mastercam 铣削加工类型。
- Mastercam 加工工艺设置。
- AI 辅助加工工艺设计概述。
- AI 辅助加工工艺设计应用案例。

4.1 Mastercam 铣削加工类型

Mastercam 铣削模块可以创造高效、简捷的编程体验。通过深入挖掘机床性能，可以有效提升生产速度和效率。

Mastercam 结合了多种特殊功能及优点，如容易使用、刀具功能自动化、实时毛坯模型进程更新、刀路智能化、工艺参数保存功能等，能提供高效、精简的加工配套。

Mastercam 2024 的铣削功能在【机床】选项卡中，如图 4-1 所示。

图 4-1　Mastercam 的【机床】选项卡

Mastercam 的铣削类型（即机床类型）包括 2D/3D 铣削、车削、车铣复合铣削、线切割及木雕等。

1. 铣削

Mastercam 铣削模块的功能非常强大，不论是基本或复杂的 2D 加工还是单面或高级的

3D 铣削，Mastercam 都能满足编程师的需要。

2D/3D 铣削的主要特点如下。

- 高速加工（High Speed Machining，HSM）：结合高进给率、高主轴转速、指定工具及特殊刀具联动，缩短生产周期并提高加工质量。
- 动态铣削：提高加工工艺的一致性，实现刀具全槽长使用的同时减少加工时间。
- 高速优化开粗（OptiRough）：可以更有效、快速地切除大量毛坯。
- 混合精加工：智能化地融合了多个相应切削技术，并成为单一的刀路。
- 3D 刀路优化功能：使用户可以很好地控制切削性能、完成精致优秀的成品及缩短加工周期。
- 余料加工（再加工）功能：自动确认小型刀具的加工范围。
- 基于特征加工功能：自动分析零件特征并设计、生成有效的加工策略。
- 仿真功能：加工前进行模拟能让用户更有自信去尝试复杂的刀路。

在【机床类型】面板中单击【铣削】|【默认】按钮，会弹出【铣床-刀路】选项卡，如图 4-2 所示。

图 4-2 【铣床-刀路】选项卡

利用【铣床-刀路】选项卡中的工具，可以创建出利用数控铣床进行加工的 2D、3D 及多轴加工刀路。

2. 车削

高效的车削加工不仅仅取决于刀路编程。Mastercam 车削为用户提供了一系列工具来优化整个加工过程。从简捷的 CAD 功能和实体模型加工，到强大的精、粗加工，用户可以按自己的想法与创意进行各种加工。

Mastercam 车削加工的主要功能如下。

- 简易的精粗加工、螺纹加工、切槽、镗孔、钻孔及切断作业。
- 与 Mastercam 铣削结合，给用户完整的车铣性能。
- 专为 ISCAR 的 Cut Grip 刀头而设计的切入车削刀路。
- 变量深度粗加工可防止粗加工时在型材上来回经过同一点时形成"槽"。
- 智能型的内、外圆粗加工，包括铸件边界的粗加工。
- 刀具监控功能让用户在精、粗加工和切槽中途停止加工，检查刀头。
- 快速分析几何体，设置零件调动操作，将零件从主轴转移到副主轴或进行型材放置，最后切断刀路。

在【机床】选项卡的【机床类型】面板中单击【车床】|【默认】按钮，会弹出【车床】选项卡，该选项卡又包含了【车削】【铣削】和【木雕刀路】3 个子选项卡，如图 4-3 所示。

- 【车床-车削】选项卡中的加工功能可以创建出常规的车削、钻孔、镗孔等刀路。

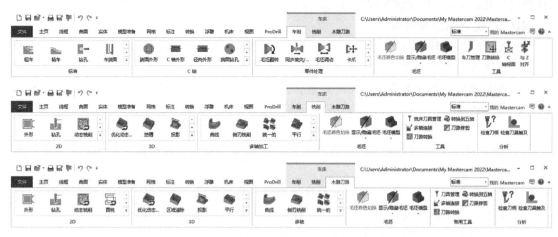

图 4-3 【车床】选项卡中的 3 个子选项卡

- 【车床-铣削】选项卡与【铣床-刀路】选项卡的加工功能是完全一致的。
- 【车床-木雕刀路】选项卡中的加工功能主要用于雕刻加工，常见家具厂中的木材装饰件的雕刻可利用车床进行车削雕刻加工。

3. 车铣复合

现今的金属加工中，车铣复合加工中心的功能强大但操作复杂，而 Mastercam 车铣复合模块可以有效简化这些加工中心的操作，使车铣复合加工前所未有的简单快捷。使用 Mastercam 车铣复合（Mill-Turn）可以避免复杂的工件设置，工件人工多次装夹及多余的夹具设置，可有效减少车间的停滞时间，提高加工效率。Mastercam 车铣复合简化了车削和车铣加工中心的工件设置。智能工作平面选项简化了设置步骤，只需指定所使用的刀塔和主轴，载入 Mastercam 成熟的铣削和车削刀路，即可创建符合用户需求的加工刀路，车铣复合将不再是繁琐复杂的工作。

Mastercam 的车铣复合模块（Mill-Turn）使车铣加工中心的工序设置变得简单高效，并大幅降低了车铣复合编程的难度。要使用 Mastercam 的车铣复合模块，必须购买正版软件并获得许可，再得到正版的车铣复合加工的机床文件。Mastercam 的车铣复合加工的功能区选项卡与车床的功能区选项卡是完全相同的。

4. 线切割

Mastercam 的 2 轴和 4 轴线切割模块提供了多种加工方案供用户选择。

线切割模块的主要特点如下。

- 文件追踪功能让编辑、更新文档更轻松。
- 修订记录功能 让用户在短时间内定位修订部分并重编设计，节省宝贵的时间。
- 快速、简单和全面的控制脱料保护设置让用户能按需求自由增减挂台数量。
- Mastercam 的 No Drop Out 选项可以防止毛刺形成。
- Mastercam 线切割产品支持 Agievision 控制器和 Agie EDM 加工机。
- 刀路验证功能可以提高加工精确度。

线切割加工的【线切割-线割刀路】功能区选项卡如图 4-4 所示。

图 4-4 【线切割-线割刀路】选项卡

5. 木雕

在模具加工或木制品工艺中，文字和图片的雕刻加工必不可少，Mastercam 提供了专业的木雕工艺加工模块，木雕加工的【木雕-刀路】选项卡如图 4-5 所示。这里的【木雕-刀路】选项卡与车床加工中的【车床-木雕刀路】选项卡是完全相同的，只是这里的加工机床是数控铣床或数控复合加工中心。

图 4-5 【木雕-刀路】选项卡

木雕加工的功能选项卡与铣削加工的功能选项卡是完全相同的，当然，也可以在铣削加工的功能选项卡中调取加工命令，完成模具雕刻加工或木工雕刻加工工作。

4.2 Mastercam 加工工艺设置

在 Mastercam 中设置加工工艺涉及多个步骤，这些步骤将指导软件如何控制数控（CNC）机床进行具体的加工任务。

4.2.1 设置加工刀具

加工刀具的设置是所有加工都要面对的步骤，也是最先需要设置的参数。用户可以直接调用刀具库中的刀具，也可以修改刀具库中的刀具以产生需要的刀具形式，还可以自定义新的刀具，并保存刀具到刀具库中。

刀具设置主要包括从刀库选刀、修改刀具、自定义新刀具、设置刀具相关参数等。

1. 从刀具库中选择刀具

从刀具库中选择刀具是最基本最常用的方式，操作也比较简单，这里以进行铣削加工为例进行讲解。

在【铣床-刀路】选项卡的【工具】面板中单击【刀具管理】按钮，弹出【刀具管理】对话框，如图 4-6 所示。

从对话框下方的刀库中选择用于铣削加工的平底刀或圆鼻刀刀具，单击【将选择的刀库刀具复制到机床群组中】按钮，将刀具添加到加工群组中，如图 4-7 所示。

同理，在加工群组中可以选择刀具，并单击鼠标右键选择快捷菜单中的【删除刀具】命令，将刀具删除，如图 4-8 所示。

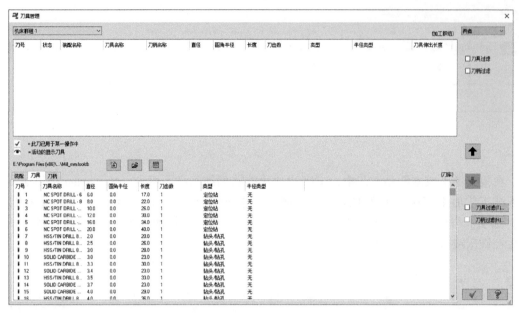

图 4-6 【刀具管理】对话框

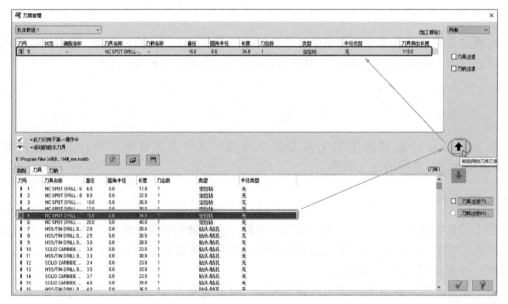

图 4-7 从刀具库选刀

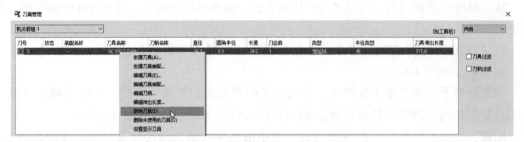

图 4-8 删除刀具

2. 修改刀具库中的刀具

从刀具库选择的加工刀具，其刀具参数如刀径、刀长、切刃长度等是刀库预设的，用户可以对其修改，以得到所需要的加工刀具。在加工群组中选择要修改的刀具后单击鼠标右键，在弹出的右键快捷菜单中选择【编辑刀具】命令，弹出【编辑刀具】对话框，如图 4-9 所示。然后就可以对刀具参数进行修改。

图 4-9　【编辑刀具】对话框

3. 自定义新刀具

除了从刀库中选择刀具和修改刀具显示得到加工所需要的刀具外，用户还可以自定义新的刀具来获得所需加工刀具。

在【刀具管理】对话框加工群组中的空白位置处单击鼠标右键，在弹出的右键快捷菜单中选择【创建刀具】命令，弹出【定义刀具】对话框。在【选择刀具类型】页面中选择所需加工刀具，如图 4-10 所示。

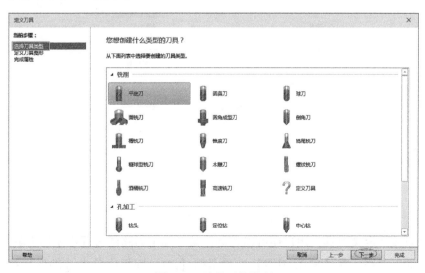

图 4-10　选择刀具类型

单击【下一步】按钮，在【定义刀具图型】页面中设置刀具的尺寸参数，如图 4-11 所示。

图 4-11　设置刀具尺寸

单击【下一步】按钮，在【完成属性】页面中设置刀具的刀号、刀补参数、进刀量、进给速率、主轴转速、刀具材料及铣削加工步进量等参数，如图 4-12 所示。最后单击【完成】按钮完成新刀具的创建。

图 4-12　设置刀具的其他属性参数

4. 在加工刀路中定义刀具

除了在刀库中定义刀具，用户还可以在创建某个加工刀路的过程中添加刀具。例如，创建一个外形加工刀路，在【铣床-刀路】选项卡的【2D】面板中单击【外形】按钮，弹出【串连选项】对话框。选择加工的外形串连后，会弹出【2D 刀路-外形铣削】对话框。在对话框中的选项设置列表中选择【刀具】选项，对话框右侧会显示刀具设置选项，如图 4-13 所示。

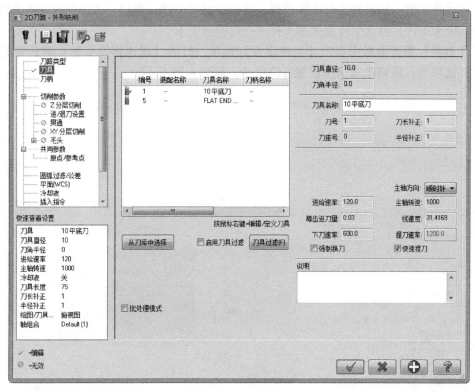

图 4-13　刀具设置选项

在这个对话框中不能删除刀具，但可以定义新刀具、编辑刀具。单击【从刀库中选择】按钮，会弹出【选择刀具】对话框，如图 4-14 所示。从对话框中的刀具库列表中选择所需刀具，单击【确定】按钮　，即可完成刀具的选择。

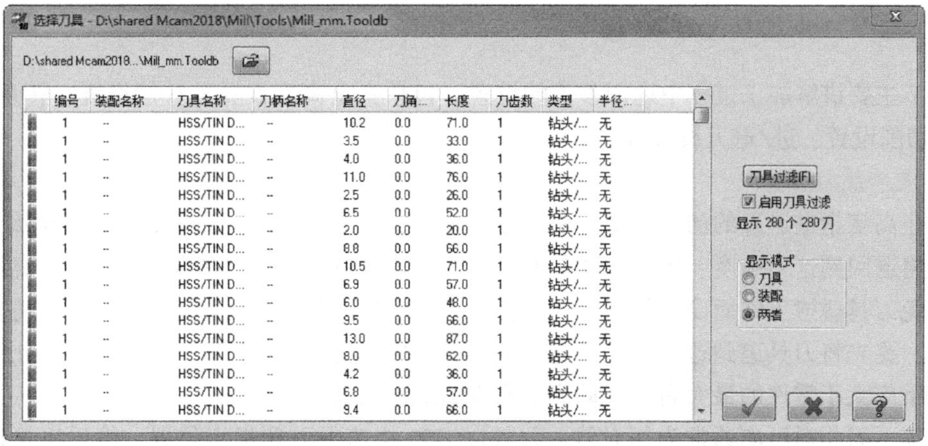

图 4-14　【选择刀具】对话框

4.2.2　设置加工工件（毛坯）

刀具和参数设置完毕后，就可以设置工件了，加工工件的设置包括工件的尺寸、原点、材料、显示等参数。如果要进行实体模拟，就必须设置工件，当然，如果没有设置工件，系统会自动定义工件，但这个自定义的工件不一定符合要求。

在【刀路】管理面板中单击【毛坯设置】选项，打开【机床群组属性】对话框的【毛坯设置】选项卡，在该选项卡中设置工件尺寸，如图 4-15 所示。

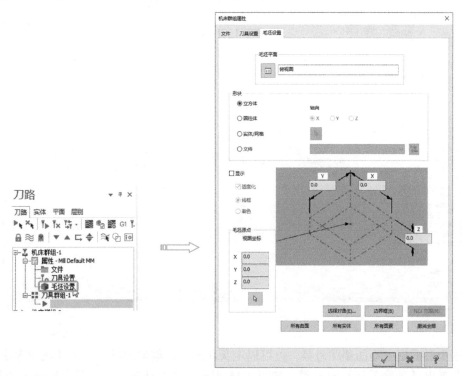

图 4-15　设置工件尺寸

4.2.3　2D 铣削通用加工参数

本节主要讲解加工过程中通用参数的设置，包括安全高度设置、补偿设置、转角设置、Z 分层切削设置、进/退刀设置等。

1. 安全高度设置

起止高度指进退刀的初始高度。在程序开始时，刀具将先到这一高度，在程序结束后，刀具也将退回到这一高度。起止高度要大于或等于安全高度，安全高度也称为提刀高度，是为了避免刀具碰撞工件而设定的高度（Z 值）。安全高度是在铣削过程中，在刀具需要转移位置时，要先将刀具退到这一高度，再进行 G00 快速定位，到达下一进刀位置，此值在一般情况下应大于零件的最大高度（即高于零件的最高表面）。

慢速下刀相对距离通常为相对值，刀具以 G00 快速下刀到指定位置，然后以接近速度下刀到加工位置。如果不设定该值，刀具会以 G00 的速度直接下刀到加工位置。若该位置又在工件内或工件上，且采用垂直下刀方式，则极不安全。即使是在空的位置下刀，使用该值也可以使机床有缓冲过程，确保下刀位置的准确性，但是该值也不宜取得太大，因为下刀插入速度往往比较慢，太长的慢速下刀距离将影响加工效率。

在加工过程中，当刀具需要在两点间移动而不切削时，是否要提刀到安全平面呢？

当设定为抬刀时，刀具将先提高到安全平面，再在安全平面上移动，否则将直接在两点间移动而不提刀。直接移动可以节省抬刀时间，但是必须要注意安全，在移动路径中不能有凸出的部位。特别注意在编程中，当分区域选择加工曲面并分区加工时，中间没有选择的部分是否有高于刀具移动路线的部分。在粗加工时，对较大面积的加工通常建议使用抬刀，以便在加工时可以暂停，并对刀具进行检查。而在精加工时，常使用不抬刀以加快加工速度，特别是角落部分的加工，抬刀将造成加工时间大幅延长。在孔加工循环中，使用 G98 将抬刀到安全高度进行转移，而使用 G99 将直接移动，不抬刀到安全高度，如图 4-16 所示。

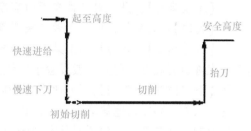

图 4-16　高度与安全高度

2. Mastercam 高度设置

高度参数设置是 Mastercam 二维和三维刀具路径都有的共同参数。高度选项卡中共有 5 个高度需要设置，分别是安全高度、参考高度、下刀位置、工件表面和深度。高度还分为绝对坐标和增量坐标两种，绝对坐标是相对原点来测量的，原点是不变的。增量坐标是相对工件表面的高度来测量的，工件表面随着加工的深入不断变化，因而增量坐标是不断变化的。在【2D 刀路】的对话框中单击【共同参数】选项，弹出共同参数选项设置，如图 4-17 所示。

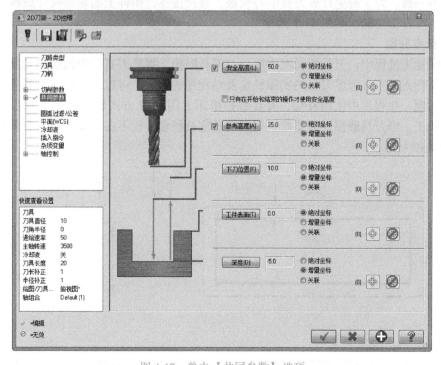

图 4-17　单击【共同参数】选项

其部分参数含义如下。

①【安全高度】：是刀具开始加工和加工结束后返回机床原点前所停留的高度位置。选中此复选框，用户可以输入高度值，刀具在此高度值上一般不会撞刀，比较安全。此高度值一般设置绝对值为 50mm～100mm。在安全高度下方有【只有在开始及结束的操作才使用安全高度】复选框，当选中该复选框时，仅在该加工操作的开始和结束时移动到安全高度；当没有选中此复选框时，每次刀具在回缩时均移动到安全高度。

- 【绝对坐标】：是相对原点来测量的。
- 【增量坐标】：是相对工件表面的高度来测量的。
- 【关联】：是根据选取的参考点来测量的。

②【参考高度】：是刀具结束某一路径的加工，进行下一路径加工前，在 Z 方向的回刀高度，也称退刀高度。此处一般设置绝对值为 10mm～25mm。

③【下刀位置】：指刀具下刀速度由 G00 速度变为 G01 速度（进给速度）的平面高度。刀具首先从安全高度快速移动到下刀位置，然后再以设定的速度靠近工件。下刀高度即是靠近工件前的缓冲高度，是为了刀具安全的切入工件，但是考虑到效率，此高度值不要设得太高，一般设置增量坐标为 5mm～10mm。

④【工件表面】：即加工件表面的 Z 值，一般设置为 0。

⑤【深度】：即工件实际要切削的深度，一般设置为负值。

3. 补偿方式

刀具的补偿包括长度补偿、半径补偿。

（1）半径补偿

刀具半径尺寸对铣削加工的影响最大，在零件轮廓铣削加工时，刀具的中心轨迹与零件轮廓往往不一致。为了避免计算刀具中心轨迹，直接按零件图样上的轮廓尺寸编程，数控提供了刀具半径补偿功能，如图 4-18 所示。

（2）长度补偿

在实际加工过程中，刀具的长度不统一、刀具磨损、更换刀具等原因引起刀具长度尺寸变化时，编程人员不必考虑刀具的实际长度及对程序的影响，可以通过使用刀具长度补偿指令来解决问题。在程序中使用补偿，并在数控机床上用 MDI 方式输入刀具的补偿量，就可以正确地加工。当刀具磨损，只要修正刀具的长度补偿量，而不必调整程序或刀具的加持长度，如图 4-19 所示。

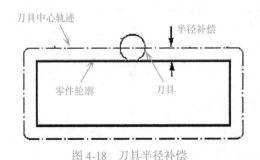

图 4-18　刀具半径补偿　　　　　　图 4-19　刀具长度补偿

4. Mastercam 补偿设置

在 2D 外形铣削的刀路创建对话框中的【切削参数】选项设置中，可以设置【补正方式】和【补正方向】选项，如图 4-20 所示。注意，补正也可称为补偿。

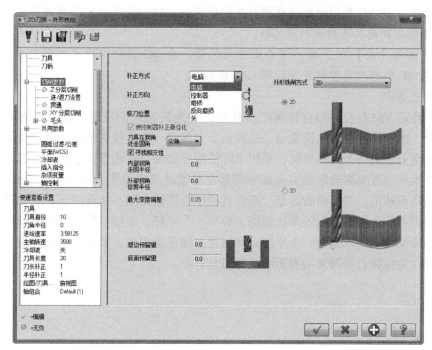

图 4-20 设置【补正方式】与【补正方向】

在实际的铣削过程中，刀具所走的加工路径并不是工件的外形轮廓，还包括一个补正量。补正量包括以下几个方面。

- 实际使用的刀具的半径。
- 程序中指定的刀具半径与实际刀具半径之间的差值。
- 刀具的磨损量。
- 工件间的配合间隙。

Mastercam 提供了 5 种补正方式和 2 个补正方向供用户选择。

（1）补正方式

刀具补正方式包括【电脑】补正、【控制器】补正、【磨损】补正、【反向磨损】补正和【关】补正等 5 种。

- 当设置为【电脑】补正时，刀具中心向指定的方向（左或右）移动一个补正量（一般为刀具的半径），NC 程序中的刀具移动轨迹坐标是加入了补偿量的坐标值。
- 当设置为【控制器】补正时，刀具中心向指定的方向（左或右）移动一个存储在寄存器里的补正量（一般为刀具半径），将在 NC 程序中给出补正控制代码（左补 G41 或右补 G42），NC 程序中的坐标值是外形轮廓值。
- 当设置为【磨损】补正时，即刀具磨损补正时，同时具有【电脑】补正和【控制器】补正，且补正方向相同，并在 NC 程序中给出加入了补正量的轨迹坐标值，同时又输出控制代码 G41 或 G42。
- 当设置为【反向磨损】补正时，即刀具磨损反向补正时，也同时具有【电脑】补正和【控制器】补正，但控制器补正的补正方向与设置的方向反向。即当采用电脑左补正时，在 NC 程序中输出反向补正控制代码 G42，当采用电脑右补正时，在 NC 程序中输出反向补正控制代码 G41。

- 当设置为【关】补正时，将关闭补正设置，在 NC 程序中给出外形轮廓的坐标值，且在 NC 程序中无控制补正代码 G41 或 G42。

（2）补正方向

刀具的补正方向有左补和右补两种。图 4-21 中为铣削一圆柱形凹槽，如果不补正，刀具沿着圆走，则刀具的中心轨迹是圆，这样由于刀具有一个半径在槽外，因而实际凹槽铣削的效果比理论上要大一个刀具半径。要想实际铣削的效果与理论值同样大，则必须使刀具向内偏移一个半径，再根据选取的方向来判断是左补偿还是右补偿。图 4-22 中为铣削一圆柱形凸缘，如果不补正，刀具沿着圆走，则刀具的中心轨迹是圆，这样由于有一个刀具半径在凸缘内，因而实际凸缘铣削的效果比理论上要小一个半径。要想实际铣削的效果与理论值一样大，则必须使刀具向外偏移一个半径。具体是左偏还是右偏，要看串联选取的方向。从以上分析可知，为弥补刀具带来的差距要进行刀具补正。

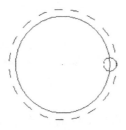
图 4-21　铣削凹槽

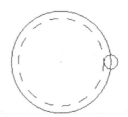
图 4-22　铣削凸缘

5. 转角设置

在【切削参数】选项设置中有【刀具在拐角处走圆弧】选项，此选项用于两条及两条以上的相连线段转角处的刀具路径，即根据不同选择模式决定在转角处是否采用弧形刀具路径。

- 当设置为【无】时，即不走圆角，在转角地方不采用圆弧刀具路径，如图 4-23 所示。不管转角的角度是多少，都不采用圆弧刀具路径。
- 当设置为【尖角】时，即在尖角处走圆角，在小于 135° 的转角处采用圆弧刀具路径，如图 4-24 所示。在 100° 的地方采用圆弧刀具路径，而在 136° 的地方采用尖角即没有采用圆弧刀具路径。
- 当设置为【全部】时，即在所有转角处都走圆角，在所有转角处都采用圆弧刀具路径，如图 4-25 所示。所有转角处都走圆弧。

图 4-23　转角不走圆角

图 4-24　尖角处走圆角

图 4-25　全部走圆角

6. Z 分层切削设置

Z 分层切削设置选项如图 4-26 所示。该选项面板用来设置深度分层切削的粗切和精修的参数。

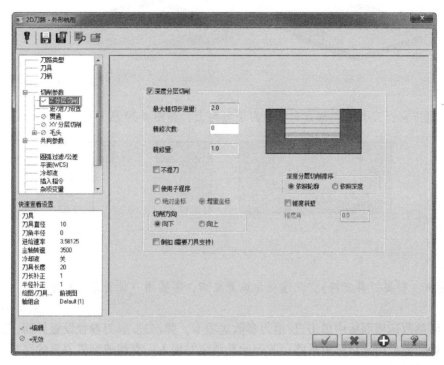

图 4-26　Z 分层切削设置选项

其部分参数含义如下。

- 最大粗切步进量：用来输入粗切削时的最大进刀量。该值要视工件材料而定。一般来说，工件材料比较软时，比如铜，粗切步进量可以设置大一些；而工件材料较硬时，像铣一些模具钢，该值要设置小一些。另外，最大粗切步进量还与刀具材料的好坏有关，比如硬质合金钢刀的进量可以稍微大些，而白钢刀的进量则要小些。
- 精修次数：用来输入需要在深度方向上精修的次数，此处应输入整数值。
- 精修量：用来输入在深度方向上的精修量，一般比粗切步进量小。
- 不提刀：用来选择刀具在每一个切削深度后，是否返回到下刀位置的高度上。当选中该复选框时，刀具会从目前的深度直接移到下一个切削深度；若没有选中该复选框，则刀具返回到原来的下刀位置的高度，然后移动到下一个切削的深度。
- 使用子程序：用来调用子程序命令。在输出的 NC 程序中会弹出辅助功能代码 M98（M99）。对于复杂的编程使用副程式可以大大减少程序段。
- 深度分层切削排序：用来设置多个铣削外形时的铣削排序。当选中【依照轮廓】单选按钮后，先对一个外形边界铣削设定深度后，再进行下一个外形边界铣削。当选中【依照深度】单选按钮后，先在深度上铣削所有的外形，再进行下一个深度的铣削。
- 锥度斜壁：用来铣削带锥度的二维图形。当选中该复选框，从工件表面按所输入的角度铣削到最后的角度。

技术要点　如果是铣削内腔则锥度向内，锥度角为 40°，结果如图 4-27 所示。如果是铣削外形则锥度向外，锥度角也为 40°，结果如图 4-28 所示。

图 4-27　带锥度铣削内腔

图 4-28　带锥度铣削外形

- 切削方向：刀具的切削方向包括向下与向上，如图 4-29 所示。

向下切削

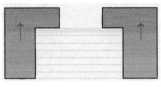
向上切削

图 4-29　切削方向

- 倒扣（需要刀具支持）：此选项为设置底切，需要用户设置刀具补偿。

7. 进/退刀设置

在外形参数选项面板中单击进/退刀参数选项卡，弹出进/退刀参数设置界面，如图 4-30 所示。该选项面板用来设置刀具路径的起始及结束时加入一直线或圆弧刀具的路径，使其与工件及刀具平滑连接。

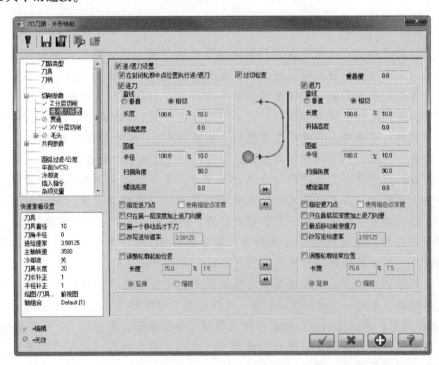

图 4-30　进/退刀设置界面

起始刀具路径称为进刀，结束刀具路径称为退刀，其示意图如图 4-31 所示。

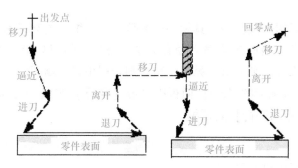

图 4-31　进、退刀示意图

8. 圆弧过滤/公差设置

圆弧过滤/公差设置的选项如图 4-32 所示。该选项面板中可以设置 NCI 文件的过滤参数。通过对 NCI 文件进行过滤，删除长度在设定公差内的刀具路径来优化或简化 NCI 文件。

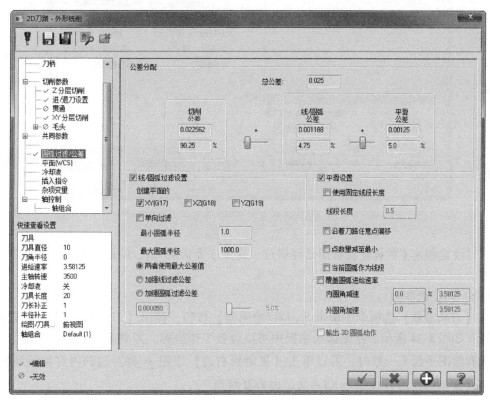

图 4-32　圆弧过滤/公差设置

4.2.4　3D 铣削通用加工参数

Mastercam 能对曲面、实体以及 STL 文件产生刀具路径，一般加工采用曲面来编程。曲面加工可分为曲面粗加工和曲面精加工，不管是粗加工还是精加工，它们都有一些共同的参数需要设置。下面将以曲面粗切平行加工刀路为例，对曲面加工的共同参数进行讲解。

1. 刀具路径参数

刀具路径参数主要用来设置与刀具相关的参数。与二维刀具路径不同的是，三维刀具路径参数所需的刀具通常与曲面的曲率半径有关系。精修时的刀具半径不能超过曲面曲率半径。一般粗加工采用大刀、平刀或圆鼻刀，精修则采用小刀、球刀。

在【铣床-刀路】选项卡的【3D】面板中单击【平行】按钮 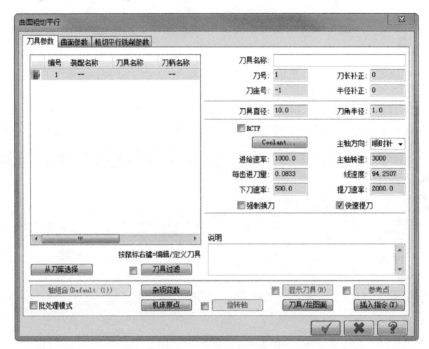，选择要加工的曲面后弹出图 4-33 的【曲面粗切平行】对话框。

图 4-33 【曲面粗切平行】对话框

刀具设置和速率的设置在前面已经讲过，这里主要讲解刀具/绘图面参数、机床原点的设置等。

（1）刀具/绘图面

在【刀具参数】选项卡中单击【刀具/绘图面】按钮，弹出【刀具面/绘图面设置】选项面板，如图 4-34 所示。在该选项面板中可以设置工作坐标、刀具平面和绘图平面。当刀具平面和绘图平面不一致时，可以单击【复制到右边】按钮 将左边的内容复制到右边，或单击【复制到左边】按钮 将右边的内容复制到左边。

此外，还可以单击【选择平面】按钮 ，弹出【选择平面】对话框，如图 4-35 所示。在该对话框中可以设置视角，使视角与工作坐标系中的一致。

（2）机床原点

在【刀具参数】选项卡中单击【机床原点】按钮，弹出【换刀点-用户定义】对话框，如图 4-36 所示。该对话框用来定义机床原点的位置，可以在 X、Y、Z 坐标数值框输入坐标值作为机床原点值，也可以单击【选择】按钮来选择某点作为机床原点值，或单击【从机床】按钮，使用参考机床的值作为机床原点值。

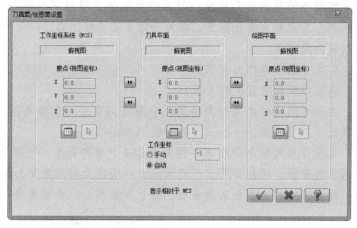

图 4-34 【刀具面/绘图面设置】选项面板

图 4-35 【选择平面】对话框

图 4-36 【换刀点-用户定义】对话框

2. 曲面加工参数

不管是粗加工还是精加工，用户都需要设置【曲面参数】选项卡的参数，如图 4-37 所示。主要设置包括安全高度、参考高度、下刀位置和工件表面。一般没有深度选项，因为曲面的底部就是加工的深度位置，该位置是由曲面的外形决定，故不需要用户设置。

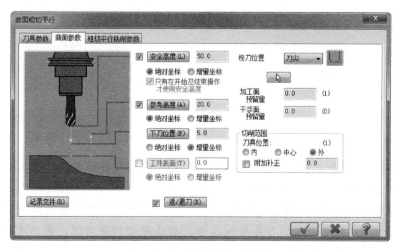

图 4-37 【曲面参数】选项卡

其部分常用参数含义如下。

- 安全高度：指每个操作的起刀高度，刀具在此高度上移动一般不会撞刀，即不会撞到工件或夹具，因而称为安全高度。在安全高度上开始下刀，一般采用 G00 的速度，此高度一般设为绝对值。
- 绝对坐标：以坐标系原点作为基准。
- 增量坐标：以工件表面的高度作为基准。
- 参考高度：在两切削路径之间抬刀高度，也称退刀高度。参考高度一般也设为绝对值，此值要比下刀位置高，一般设为绝对值 10mm~25mm。
- 下刀位置：是指刀具速率由 G00 速率转变为 G01 速率的高度，也就是一个缓冲高度，可避免撞到工件表面。但此高度也不能太高，一般设为相对高度 5mm~10mm。
- 工件表面：设置工件的上表面 Z 轴坐标，默认不使用，以曲面最高点作为工件表面。

3. 进退刀向量

在【曲面参数】选项卡中勾选【进/退刀】复选框，并单击【进/退刀】按钮，弹出【方向】对话框，如图 4-38 所示。

该对话框用来设置曲面加工时刀具的切入与退出的方式。其中，【进刀向量】选项组用来设置进刀时向量，【退刀向量】选项组用来设置退刀时向量，两者的参数设置完全相同。

图 4-38 【方向】对话框

【方向】对话框中各选项含义如下。

- 【进刀角度】/【提刀角度】：设置进/退刀的角度。图 4-39 为进刀角度设为 45°，退刀角度设为 90° 时的刀具路径。
- 进刀【XY 角度】/退刀【XY 角度】：设置水平进/退刀与参考方向的角度。图 4-40 为进刀 XY 角度为 30°，退刀 XY 角度为 0° 时的刀具路径。

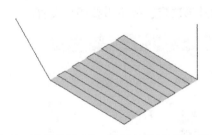

图 4-39 进刀角度 45°，退刀角度 90° 的刀具路径

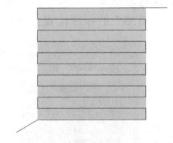

图 4-40 进刀 XY 角度为 30°，退刀 XY 角度为 0° 的刀具路径

- 【进刀引线长度】/【退刀引线长度】：设置进/退刀引线的长度。图 4-41 为进刀引线长度为 20，退刀引线长度为 10 时的刀具路径。
- 进刀【相对于刀具】/退刀【相对于刀具】：设置进/退刀引线的参考方向。有两个选项，分别是切削方向和刀具平面 X 轴。当选择切削方向时，表示进刀线所设置的参数是相对于切削方向。当选择刀具平面 X 轴时，表示进刀线所设置的参数是相对于所处刀具平面的 X 轴方向。图 4-42 为采用相对切削方向进刀角度为 45°时的刀具路径，图 4-43 为相对 X 轴进刀角度为 45°时的刀具路径。

图 4-41　进刀引线为 20，退刀引线
　　　　　为 10 的刀具路径

图 4-42　相对切削方向进刀角度
　　　　　为 45°的刀具路径

图 4-43　相对 X 轴进刀角度
　　　　　为 45°的刀具路径

- 【向量】：单击【向量】按钮 ▭V向量 ，弹出【向量】对话框，如图 4-44 所示。可以输入 X、Y、Z 三个方向的向量来确定进/退刀线的长度和角度。
- 【参考线】：此按钮用来选择存在的线段，以确定进/退刀线的位置、长度和角度。

图 4-44　【向量】对话框

4. 校刀位置

【曲面参数】选项卡【校刀位置】下拉列表中的选项如图 4-45 所示。包括【中心】和【刀尖】。当选择【刀尖】选项时，产生的刀具路径为刀尖所走的轨迹。当选择【中心】选项时，产生的刀具路径为刀具中心所走的轨迹。由于平刀不存在中心，所以这两个选项在使用平刀一样，但在使用球刀时不一样。图 4-46 为选择刀尖为校刀位置的刀具路径。图 4-47 为选择中心为校刀位置的刀具路径。

图 4-45　【校刀位置】下拉列表

图 4-46　刀尖校刀位置

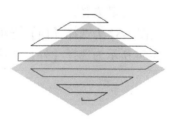

图 4-47　中心校刀位置

5. 加工面、干涉面和加工范围

在【曲面参数】选项卡中单击【选取】按钮 ▭ ，弹出【刀路曲面选择】对话框，如图 4-48 所示。

其参数含义如下。

- 【加工面】：是指需要加工的曲面。
- 【干涉面】：是指不需要加工的曲面。
- 【切削范围】：在加工曲面的基础上再限定某个范围来加工。
- 【指定下刀点】：选择某点作为下刀或进刀位置。

6. 预留量

预留量是指在曲面加工过程中，预留少量的材料不予加

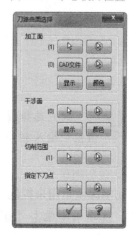

图 4-48　【刀路曲面选择】对话框

工，或留给后续的加工工序来加工，包括加工曲面的预留量和加工刀具避开干涉面的距离。在进行粗加工时一般需要设置加工面的预留量，通常设置 0.2mm~0.5mm，目的是为了便于后续的精加工。图 4-49 为曲面预留量为 0mm 的效果，图 4-50 为曲面预留量为 0.5mm 的效果，很明显后者抬高了一定高度。

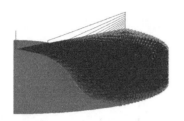

图 4-49　曲面预留量为 0mm　　　图 4-50　曲面预留量为 0.5mm

7. 切削范围

在【曲面加工参数】选项面板的【切削范围】选项组中选择刀具位置，如图 4-51 所示。刀具的位置包括 3 种：内、中心和外。其参数含义如下。

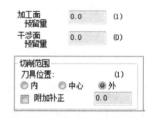

图 4-51　刀具位置

- 【内】：选择该项时，刀具在加工区域内侧切削，即切削范围就是选择的加工区域。
- 【中心】：选择该项时，刀具中心在加工区域的边界，切削范围比选择的加工区域多一个刀具半径。
- 【外】：选择该项时，刀具在加工区域外侧切削，切削范围比选择的加工区域多一个刀具直径。

图 4-52 为选择【内】选项的刀具结果，图 4-53 所示为选择【中心】选项的刀具结果，图 4-54 所示为选择【外】选项的刀具结果。

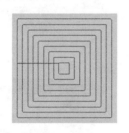
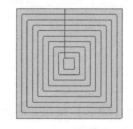
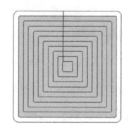

图 4-52　【内】刀具位置　　　图 4-53　【中心】刀具位置　　　图 4-54　【外】刀具位置

 技术要点　　　用户选择【内】或【外】刀具补偿范围方式时，还可以在【附加补正】数值框中输入额外的补偿量。

8. 切削深度

切削深度是用来控制加工铣削深度的。在【曲面粗切平行】对话框的【粗切平行铣削参数】选项卡中单击【切削深度】按钮　切削深度　，弹出【切削深度设置】对话框，如图 4-55 所示。

图 4-55 【切削深度设置】对话框

切削深度的设置分为增量坐标和绝对坐标两种方式。

（1）绝对坐标

绝对坐标是以输入绝对坐标的方式来控制加工深度的最高点和最低点。绝对坐标方式常用于加工深度较深的工件，因为太深的工件需要很长的刀具加工，如果一次加工完毕，刀具磨损会比较严重，这样在成本上不划算，且加工质量也不好。一般用短的旧刀具加工工件的上半部分，再用长的新刀具加工下半部分。图 4-56 是先用旧短刀从 0 加工到 -100，图 4-57 为再用新长刀从 -100 加工到 -200。这样不仅节约刀具，还可以提高效率。

图 4-56 加工上半部分

图 4-57 加工下半部分

（2）增量坐标

在切削深度的设定选项面板中选择【增量坐标】单选按钮，激活增量坐标模式，如图 4-58 所示。该选项用来设置增量模式的加工参数。

各选项含义如下。

- 增量坐标：是以相对工件表面的计算方式来指定深度加工范围的最高位置和最低位置。
- 第一刀相对位置：设定第一刀的切削深度位置到曲面最高点的距离，

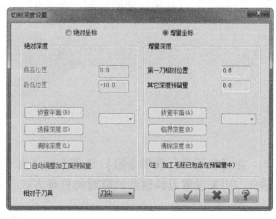

图 4-58 选择【增量坐标】单选按钮

121

该值决定了曲面粗加工分层铣深第一刀的切削深度。

- 其他深度预留量：设置最后一层切削深度到曲面最低点的距离，一般设置为 0。

增量深度一般用来控制第一刀深度，其他深度不控制，增量深度示意图如图 4-59 所示。

- 侦查平面：如果加工曲面中存在平面，在粗加工分层铣深时，会因每层切削深度的关系，常在平面上留下太多的残料。单击【侦查平面】按钮，会在右边将侦查到的平面 Z 坐标数字在显示栏显示，并在侦查加工曲面中的平面后，自动调整每层切削深度，使平面残留量减少。如图 4-60 为没有侦查平面时的刀具路径示意图，会留下部分残料。图 4-61 为通过侦查平面后的刀具路径示意图。重新调整分层铣深深度并进行平均分配，会使残料减少。

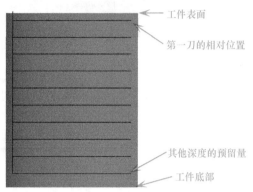

图 4-59　增量深度示意图

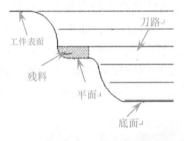

图 4-60　未侦查平面

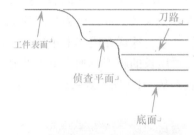

图 4-61　侦查平面

- 临界深度：用户在指定的 Z 轴坐标产生分层铣削路径。单击【临界深度】按钮，返回到绘图区，选择或输入要产生分层铣深的 Z 轴坐标，该坐标会显示在临界深度坐标栏中。
- 清除深度：将深度坐标栏显示的数值全部清除。

9. 间隙设定

间隙分 3 种类型，有两条切削路径之间的间隙、曲面中间的破孔或者加工曲面之间的间隙。图 4-62 为刀具路径间的间隙，图 4-63 为曲面破孔间隙，图 4-64 为曲面间的间隙。

图 4-62　路径间隙

图 4-63　破孔间隙

图 4-64　曲面间隙

在【粗切平行铣削参数】选项卡中单击【间隙设置】按钮，弹出【刀路间隙设置】对话框，用来设置刀具遇到间隙时的处理方式，如图 4-65 所示。

10. 进阶设定

在【粗切平行铣削参数】选项卡中单击【高级设置】按钮，弹出【高级设置】对话框。该对话框可设置刀具在曲面和实体边缘的动作与精准度参数，也可以检查隐藏的曲面和实体面是否有折角，如图 4-66 所示。

图 4-65 【刀路间隙设置】对话框

图 4-66 【高级设置】对话框

4.3 AI 辅助加工工艺设计概述

人工智能（AI）在加工工艺设计中的应用不局限于单一环节，相反，它贯穿整个加工过程，从原材料的选择、工艺流程的设定，到产品的最终检验，每一个环节都可以看到 AI 的影子。通过预测和优化，AI 能够帮助我们更有效地利用资源，提高生产效率，同时也能提高产品的质量和性能。

4.3.1 数控加工工艺设计内容

数控加工工艺设计是涉及机械加工、计算机控制、材料科学等多个领域的复杂过程。该工艺设计主要包括确定加工对象的加工方法、加工顺序、使用的工具和设备、加工参数等一系列加工细节。以下是数控加工工艺设计的主要内容。

（1）加工对象分析

- 对加工零件的图纸或三维模型进行分析，明确零件的几何形状、尺寸精度、表面粗糙度要求等。
- 确定加工材料的类型，了解其物理、化学性质及加工特性。

（2）加工方法的选择

- 根据加工对象的特点，选择合适的加工方法，如车削、铣削、钻孔、磨削等。
- 考虑数控加工的特点，选择合适的数控机床和夹具。

（3）加工顺序（工序）的确定

- 确定加工各个步骤的顺序，包括粗加工、半精加工、精加工及其他必要的加工过程。

- 加工顺序的确定需要考虑加工效率、加工精度和加工成本等因素。

（4）刀具和夹具的选择

- 根据加工方法和加工材料选择合适的刀具，包括刀具的材料、形状、尺寸等。
- 确定所需的夹具类型，以及如何固定和定位加工零件。

（5）加工参数的确定

- 根据加工材料、刀具类型和加工设备等，确定加工参数，包括切削速度、进给速度、切削深度等。
- 加工参数的选择直接影响加工效率、加工质量和加工成本。

（6）数控程序编制

- 基于上述分析和确定的加工细节，编制数控加工程序。
- 数控程序包括工件装夹、刀具选择、刀具路径、加工参数等信息。

（7）加工质量和效率的优化

- 在加工过程中或加工完成后，根据加工结果对工艺参数进行优化，以提高加工质量和效率。
- 包括调整加工参数、优化刀具路径、使用更高性能的刀具等措施。

（8）安全与环境保护

- 在加工工艺设计中，还需要考虑安全生产的要求，包括操作人员的安全、机床的安全以及环境保护等。
- 合理安排加工过程，减少噪声和切削液的使用，确保生产环境的清洁。

4.3.2　AI 在数控系统中的应用

　　AI 正帮助数控系统变得更加精确、及时和稳定。这些系统通常包括控制装置、伺服系统和位置测量系统。控制装置通过插补运算处理加工程序，并向伺服系统发送控制信号，从而驱动机械设备按照预定要求运行。位置测量系统负责监测并反馈设备的位置或速度信息，以便进行必要的调整。数控系统的产业链涵盖了基础材料、零部件、数控系统本身，以及数控机床和其他应用等。

　　根据中国机床工具工业协会的数据显示，2024 年中国金属加工机床的消费额达到了 274.1 亿美元，其中金属切削机床占到了 184.4 亿美元，占总消费额的 67.3%。据海天精工、纽威数控等公司披露的数据显示，数控系统通常占机床成本的 20%～25%，而机床企业的毛利率大概在 25%～30%。基于这些数据，可以估算出 2024 年国内数控系统市场的规模大约为 30 亿美元。

　　近年来，国产数控系统在功能上已经能够与国际先进水平相媲美，但在性能方面还存在差距。尽管如此，高端国产数控系统在国内机床市场的占有率已经从不足 1% 提升到 30% 以上。通过引入 AI 技术，数控系统能够在应用层实现数据交换、建立数据库、进行实时监控等功能，同时对硬件的运行状态进行实时跟踪和反馈，确保系统的稳定运行。例如，华中数控通过集成 AI 芯片和开发智能应用模块，实现了精度提升、工艺优化和设备健康监测等功能。自主可控和 AI 的整合是数控系统领域的关键投资方向，华中数控、科德数控和广州数控等公司是该领域的主要参与者。

　　在数控系统的底层，软件算法起着至关重要的作用。在应用层面，AI（特别是决策支持型 AI）可以促进数据交换、数据库建设和实时监控，并快速收集和分析数据。AI 的类神经网络结构能够对硬件状态进行实时监控和反馈，及时纠正错误操作，确保系统的稳定运行。以华中数控为例，该公司开发了基于"指令域"电控数据的感知分析、理论与大数据融合建模、智能优化"i 代码"和"双码联控"等技术，通过将 AI 芯片集成到数控系统中，推出了华中 9 型数控系统，并开发了一系列智能应用模块，如精度提升、工艺优化和健康保障等功能。这表明，借助 AI 技术，国产数控系统正在加速缩小与国际先进技术的差距，推动数控系统国产化进程。

4.4 AI 辅助加工工艺设计应用案例

目前，AI 能够辅助完成数控加工工艺的制定和数控系统的优化，接下来将重点介绍 AI 在数控加工工艺设计方面的具体应用。

4.4.1 利用 AI 工具进行加工工艺分析与制定

依据 4.3.1 小节中列出的加工工艺的内容，下面将利用 AI 工具完成这些工艺制定。这里使用的 AI 工具是以语言大模型类为代表的 ChatGPT。

在本例中，假设有一个模板零件需要进行铣削加工，如图 4-67 所示。可以利用 ChatGPT 4.0 的 Data Analyst（高级数据分析）插件来辅助完成工艺流程设计。

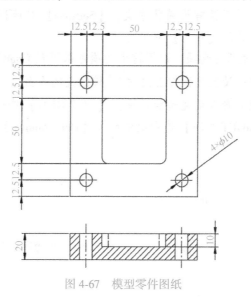

图 4-67　模型零件图纸

实战案例——加载 ChatGPT 的高级数据分析插件

接下来介绍加载 ChatGPT 的高级数据分析插件的操作步骤。

01 打开 ChatGPT 网页端，ChatGPT 交互式界面默认为英文版本，可以将其设置为简体中文界面。在界面左下角单击用户名会弹出功能菜单，然后选择【Settings】命令，弹出【Settings】对话框。

02 在【Settings】对话框的【General】选项卡的【Language（Alpha）】列表中选择【简体中文】，如图 4-68 所示。

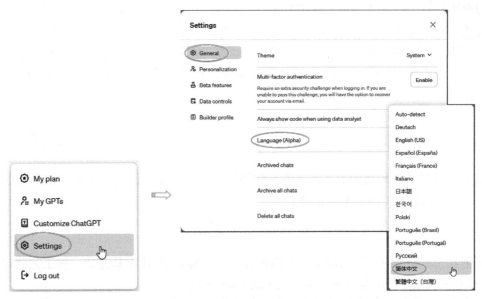

图 4-68　设置界面语言

03 随后会自动设置界面语言为简体中文，【Settings】对话框也变成了【设置】对话框。设置完成后关闭【设置】对话框。

04 【Pludins】选项是插件选项，启用这个选项可以下载 ChatGPT 的其他插件供用户进行高效创作。单击设置页面右上角的 ✕ 按钮关闭页面。

05 在 ChatGPT 交互式界面的左边栏中单击【探索 GPTs】按钮，进入【GPTs】设置页面。在【由 ChatGPT 呈现】选项组中选择【Data Analyst】插件，如图 4-69 所示。

图 4-69　选择【Data Analyst】插件

06 自动进入【Data Analyst】插件对话模式，将【Data Analyst】插件保持在侧边栏中，如图 4-70 所示。

图 4-70 将【Data Analyst】插件保持在侧边栏

07 在界面下方的提示词文本框内可以看到【导入文件】按钮，单击此按钮就可导入外部文件进行分析。这些外部文件包括 dwg 图纸文件、表格文件、Word 文件、图像文件及代码文本等。

实战案例——利用 Data Analyst 进行图纸分析

接下来通过 Data Analyst 对零件图纸进行图片识别和数据分析，并生成初步的加工工艺方案。

> **提示**
>
> ChatGPT 不能导入 Mastercam 的模型文件进行分析。

01 在 ChatGPT 的提示词文本框左侧单击【导入文件】按钮，导入本例源文件夹中的"模板.JPG"图像文件，如图 4-71 所示。

图 4-71 导入图像文件

02 在提示词文本框内输入提示词（也称"聊天文本"或"信息"）"请帮我分析一下导入的图像是什么？"再单击【发送信息】按钮 ↑，发送图像和文字信息，如图 4-72 所示。

图 4-72　输入提示词并发送信息

03 ChatGPT 开始思考，并利用数据分析插件进行图像分析，然后给出回答，如图 4-73 所示。

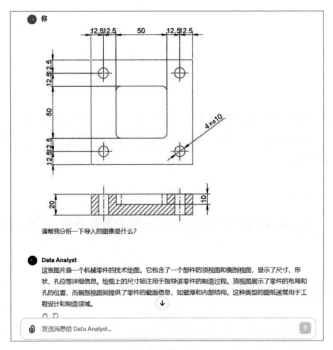

图 4-73　ChatGPT 的回答

04 从给出的回答来看，ChatGPT 只是将图纸的大概信息列出，并没有给出关于零件模型的详细信息，也就不能进行工艺规划了。因此，在提示词文本框中继续输入"可否进一步将零件的尺寸、形状和孔位详细信息列出？"单击【发送信息】按钮 ↑ 发送。ChatGPT 的回答结果如图 4-74 所示。

05 本次回答的结果中虽然有比较详细的零件信息，但也有信息错误，这就需要进一步给 ChatGPT 提示，并说出基本需求，如图 4-75 所示。

提示 ▍▍

提供的信息越详细，回答的结果也越精准。

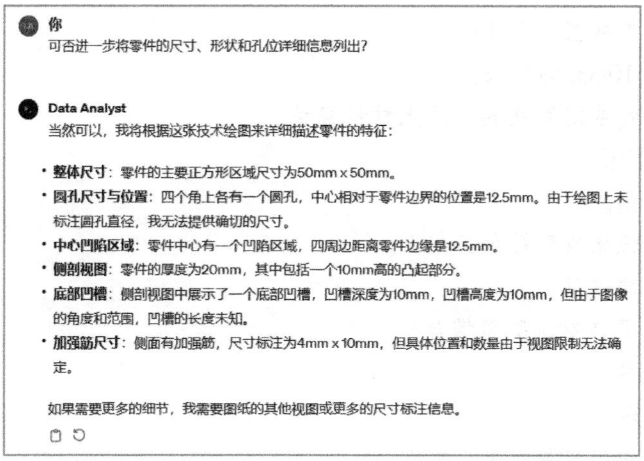

图 4-74　给出零件的详细信息

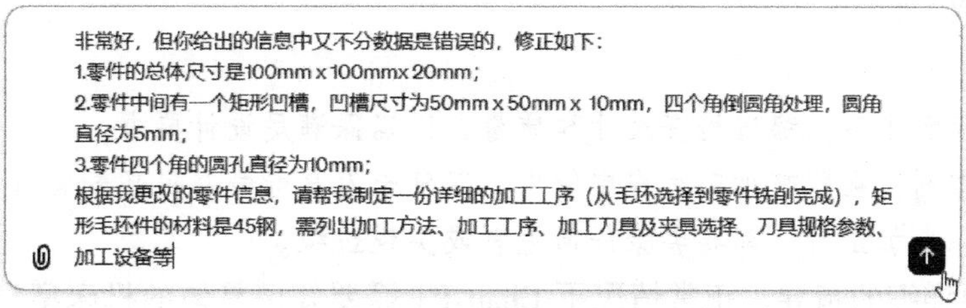

图 4-75　继续输入需求

06　ChatGPT 给出答案，回答的结果如下所示。

1. 材料选择

- 材料：45 钢，适用于模具制造、机械部件等，有良好的机械性能。
- 毛坯尺寸：稍大于 100mm×100mm×20mm，以便加工和夹紧。

2. 加工工序

（1）切割毛坯材料

- 方法：锯切或火焰切割。
- 设备：金属切割锯或火焰切割机。

（2）车床加工（如果毛坯粗糙）

- 方法：车削。
- 设备：车床。
- 刀具：车刀。

（3）铣削平面

- 方法：平面铣削。
- 设备：立式铣床或数控加工中心。
- 刀具：面铣刀。
- 夹具：机用平口钳或 T 型槽台。

（4）钻孔

- 方法：钻削。

- 设备：钻床或数控加工中心。
- 刀具：直径 10mm 的钻头。
- 夹具：平口钳或定制夹具以防止材料移动。

（5）铣削矩形凹槽

- 方法：槽铣削。
- 设备：立式铣床或数控加工中心。
- 刀具：平头端铣刀。
- 夹具：机用平口钳或 T 型槽台。

（6）倒圆角处理

- 方法：角铣削。
- 设备：立式铣床或数控加工中心。
- 刀具：R2.5 的球头铣刀。
- 夹具：同上。

（7）注意

- 在每个步骤之后，都应检查尺寸和质量，以确保满足设计要求。
- 润滑冷却剂应在所有加工过程中使用，以延长刀具寿命并提高表面质量。
- 确保每一步加工后，都要去除任何毛刺或尖锐边缘。

为了提供更详细的指导，正常情况下 ChatGPT 需要知道具体的机床型号和能力、刀具库存，以及任何生产或质量控制要求。这里提供的是通用的加工步骤概要，在实际的制造环境中，可能需要根据设备和工具的具体情况进行调整。

> **提示**
>
> 若用户发现第一次的回答有错误或者不够精确，可以单击【重新生成】按钮↻，重新生成新的回答。

07 继续向 ChatGPT 提问"继续上面的话题，给我预测一下在加工过程中可能出现的问题，如刀具磨损、振动等，自动调整参数以优化加工效果。"随后 ChatGPT 给出答案，列出如下。

在加工过程中，常见的问题可能包括刀具磨损、切削力过大导致的振动、切削温度过高等。下面是针对这些问题的预测和优化策略。

1. 刀具磨损

- 预测：45 钢硬度较高，会加速刀具磨损，特别是在进行大批量生产时。
- 优化：选择适合加工 45 钢的刀具材料（如碳化钨刀具），定期检查刀具磨损，并设置更换周期。

2. 振动

- 预测：在铣削大面积或深槽时可能会出现振动。
- 优化：使用较小的切削深度和进给率，增加刀具的过切量，选择高抗振夹具，或使用阻尼器减少振动。

3. 切削温度

- 预测：长时间的连续切削会产生较高的温度，影响刀具寿命和工件尺寸精度。
- 优化：使用适当的切削液，以提高冷却效果和润滑性，同时选择适合的切削参数来降低热量生成。

4. 切削力过大

- 预测：加工硬材料时切削力会增加，这可能导致刀具断裂或工件变形。
- 优化：采用多次浅切削代替一次深切削，逐步接近最终尺寸。

5. 切屑排出不畅

- 预测：在深槽铣削或盲孔钻削时，切屑可能难以排出，导致切削效率降低或刀具卡住。
- 优化：使用内冷却刀具或高压切削液，改善切屑的断裂和排出。

6. 表面粗糙度不符合要求

- 预测：如果切削参数选得不合适，可能会导致工件表面粗糙度超标。
- 优化：精细调整切削速度和进给率，选择合适的刀具几何角来改善表面质量。

为了自动调整参数优化加工效果，可以考虑以下措施。

- 使用数控加工中心，在刀具磨损到一定程度时，通过机床的刀具磨损补偿功能自动调整切削参数。
- 采用自适应控制技术，根据实时监测到的切削力和振动情况，自动调整进给速度和主轴转速。
- 设定机床预警系统，在刀具磨损、温度超标或切削力异常时及时报警，并调整加工参数或暂停加工。

以上优化策略的实施，需要在机床的数控系统中进行编程，或者通过高级的监测和反馈系统进行自动调整。这些通常需要专业的数控编程知识和经验，以及对机床性能和加工工艺的深入理解。

08 ChatGPT 提供答案中的整个工艺流程非常完整，而且根据要求给出了刀具的相关信息，并在继续对话时还给出了加工过程中遇到的问题及解决方法。

4.4.2 利用 AI 工具生成加工代码

AI 可以通过以下方式为 Mastercam 编程提供辅助。

- 代码生成：AI 可以根据用户的需求，快速生成初步的脚本代码框架，从而节省编程时间。用户只需输入关键参数和要求，AI 即可生成相应的代码。
- 代码优化：AI 具有分析代码逻辑、架构的能力，可以审查现有代码，发现潜在的错误、低效代码，并提供优化建议。
- 代码解释：对于复杂的代码逻辑，AI 可以通过代码解释，帮助程序员更好地理解代码的功能和执行流程。
- 编程辅助：在编写代码的过程中，AI 可以根据上下文提供智能代码补全、代码修正等建议，提高编码效率。
- 文档生成：AI 可以自动解析代码，生成规范的代码文档说明，方便后续代码维护。

AI 大语言模型 ChatGPT 只能协助编程人员做一些简单的模型分析和 G 代码生成，比如平板类的模型，以及平板上有孔。ChatGPT 可以生成平面铣削和钻孔铣削的 G 代码，要检验 ChatGPT 生成的 G 代码是否可靠，可将 G 代码输入数控仿真系统中进行仿真，若不能仿真，则该 G 代码有错误，需修改。

下面详细介绍通过 ChatGPT 生成代码的过程，用前一章案例"生成 OpenSCAD 代码以创建模型"中的模板模型进行演示操作。待加工的零件如图 4-76 所示。

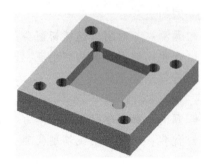

图 4-76 待加工零件

实战案例——利用 ChatGPT 生成 G 代码

不同的数控系统，其 G 代码的引用也会有所不同。在 ChatGPT 中要生成合乎要求的 G 代码，就要告知验证 G 代码的数控系统及机床，避免出现乱码。

01 在 ChatGPT 4.0 中开启 Data Analyst 插件功能。

02 单击【导入文件】按钮⓪，从本例源文件中打开"模板.scad"文件，然后输入需求"根据提供的 OpenSCAD 文件，分析后给出合理的加工工艺，包括加工工序、刀具数及刀具规格等信息"，如图 4-77 所示。

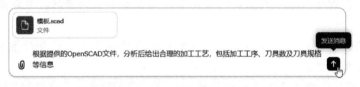

图 4-77 导入 OpenSCAD 文件并输入文本

> **提示**
>
> 本来可以延续前面 Data Analyst 给出的加工工艺分析，直接要求 ChatGPT 给出加工代码，但本例是通过导入 3D 模型来分析获取加工 G 代码，所以还需要重新让 Data Analyst 给出加工工艺分析，以便后续能正确生成 G 代码。

03 发送信息后，ChatGPT 随后会给出合理的加工工艺方案，如图 4-78 所示。查看后发现这个方案基本上满足加工需求，如果需要更精确的工序操作，可将毛坯料尺寸及材料类型告诉 ChatGPT，如图 4-79 所示。

04 自动生成新工艺方案，列出如下。

根据更新的信息，需要加工的是一个尺寸为 1000mm×1000mm×21mm 的模板，材料为 45 钢。45 钢是一种优质碳素结构钢，具有较好的机械性能和加工性能。对于这种材料和尺寸的加工，用户需要详细规划加工工艺来确保加工质量和效率。

1. 加工工艺方案

（1）材料准备

● 选择尺寸略大于 1000mm×1000mm×21mm 的 45 钢毛坯件，以便在加工过程中留有足够的加工余量。

图 4-78　ChatGPT 给出的加工工艺方案

要加工的模板尺寸为1000mm×1000mm×21mm，毛坯件材料为45钢，请重新给出加工工艺方案

图 4-79　增加用户需求

（2）粗加工
- 工序：使用大直径的平底铣刀进行粗加工，快速去除多余的材料，预留1~2mm的加工余量以便精加工。
- 刀具：建议使用直径16mm或更大的硬质合金平底铣刀，以适应45钢的加工硬度。
- 参数：根据机床能力和刀具材料调整切削速度和进给率，通常45钢的粗加工切削速度可设为60~90m/min，进给率为0.1~0.5mm/齿。

（3）精加工
- 工序：对模板的整体尺寸和特定细节进行精加工，确保尺寸精度和表面光洁度。
- 刀具：使用直径8~12mm的硬质合金平底铣刀进行整体尺寸的精加工；对于矩形凹槽和圆角，可选用直径较小的铣刀和球头铣刀进行精细处理。
- 参数：精加工的切削速度可稍低于粗加工，大约在50~70m/min，进给率调整为0.05~0.2mm/齿，以获得更好的表面质量。

（4）表面处理
- 工序：根据需要进行表面热处理或涂层处理，以提高模板的耐磨性或减少摩擦。
- 细节：45钢可进行渗碳、氮化等表面强化处理，或者涂覆硬质材料以延长使用寿命。

（5）最终检查
- 工序：完成加工后，进行尺寸和表面质量的最终检查，确保模板符合设计要求。

2. 注意事项
- 在加工45钢时，应注意刀具的冷却和润滑，避免因过热而损伤刀具或影响工件的尺寸精度。

- 根据实际加工条件（如机床能力、刀具状况等），上述参数可能需要相应调整。

该加工工艺方案为初步建议，实际加工中可能需要根据机床的实际情况和刀具性能进行适当调整。

05 继续输入文本"请依据你所生成的加工工艺，为模板零件生成 NC 加工的 G 代码，要自动换刀，数控机床及系统为 FANUC 3 轴铣削加工中心。"随后 ChatGPT 自动生成 G 代码，如图 4-80 所示。

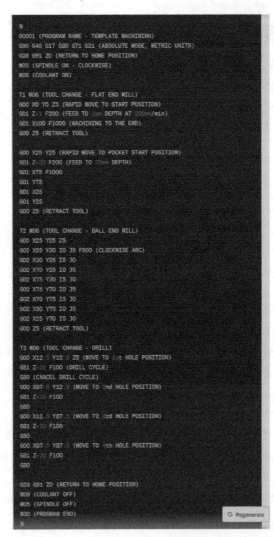

图 4-80　生成 G 代码

4.4.3　加工模拟及代码优化

Mastercam 可将加工操作输出为 G 代码，却不能导入 G 代码进行模拟，这需要在 CIMCO Edit 2023 软件中单独进行 G 代码仿真，以确保 G 代码能够作为实际加工的 NC 代码。

CIMCO Edit 2023 软件可以从其官网中下载，也可在百度搜索并下载该软件。CIMCO Edit 2023 软件安装只需几步即可完成，图 4-81 为 CIMCO Edit 2023 的软件工作界面。

图 4-81　CIMCO Edit 2023 工作界面

实战案例——利用 CIMCO Edit 2023 进行 G 代码仿真模拟

下面详解 CIMCO Edit 2023 软件的 G 代码仿真模拟操作步骤。

01 将 ChatGPT 中自动生成的 G 代码复制。

02 在 CIMCO Edit 2023 软件的代码编辑区粘贴，如图 4-82 所示。

图 4-82　粘贴 G 代码

03 将功能区的【编辑器】选项卡切换到【仿真】选项卡，单击【刀位仿真】面板中的【刀位仿真】按钮 刀位仿真，进入仿真界面，如图 4-83 所示。

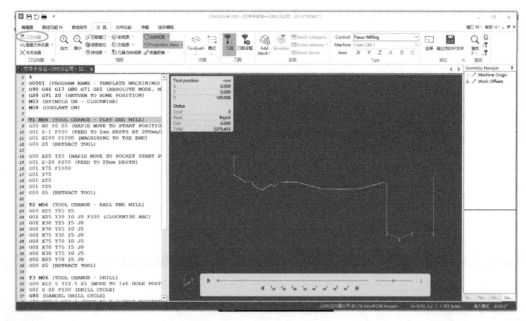

图 4-83　进入仿真界面

> **提示**
>
> 如果是 Mastercam 或其他数控加工软件生成的 G 代码文件（NC 文件），可以单击【磁盘文件仿真】按钮 磁盘文件仿真，将 NC 文件导入到 Cimco Edit 2023 中进行仿真。

04 仿真界面的中间区域显示了刀路轨迹，在底部的播放器中单击【开始/结束仿真】按钮，可以播放刀具的动态加工过程，如图 4-84 所示。

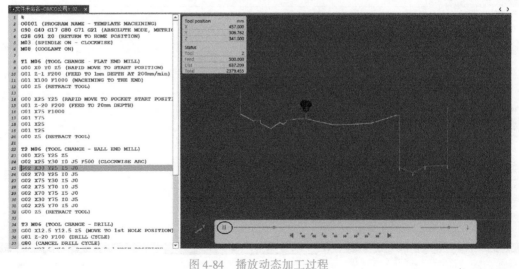

图 4-84　播放动态加工过程

05 如果需要显示毛坯，可在功能区【仿真】选项卡的【实体】面板中单击【Add Stock】按钮，如图 4-85 所示。

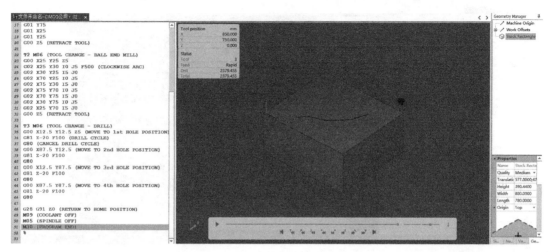

图 4-85 显示毛坯

06 从刀路及加工轨迹可以看出，ChatGPT 生成的 G 代码并不能按照设计意图来完成铣削，应该是 ChatGPT 没有读懂给出的提示，需要进一步进行交流。到 ChatGPT 中将仿真结果告诉它，让它重新生成加工 G 代码，如图 4-86 所示。

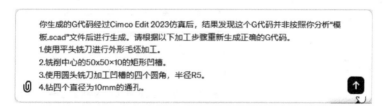

图 4-86 让 ChatGPT 重新生成加工 G 代码

07 ChatGPT 再次给出了新的 G 代码，复制新代码，并到 Cimco Edit 2023 的代码编辑器中粘贴，然后重新播放动态加工过程，仿真结果如图 4-87 所示。但再次生成的 G 代码没有什么变化，仍然不是需要的刀路。

08 这仍然是 ChatGPT 的问题。接下来重新让 ChatGPT 识别"模板 .scad"文件，并让它按照工序步骤分段生成 G 代码，查看能否解决 G 代码问题。重新建立对话，并创建一些提示给 ChatGPT，以便提升准确度。在 ChatGPT 界面的左下角单击用户名，弹出功能菜单，选择功能菜单中的【自定义 ChatGPT】命令，弹出【自定义 ChatGPT】面板。

09 在【你希望 ChatGPT 了解你哪些信息以便提供更好的回答？】文本框和【您希望 ChatGPT 如何回应您？】文本框内分别输入文本内容，单击【保存】按钮保存，如图 4-88 所示。

10 单击【New Chat】按钮新建聊天对话。导入"模板 .scad"文件，并重新输入需求，如图 4-89 所示。

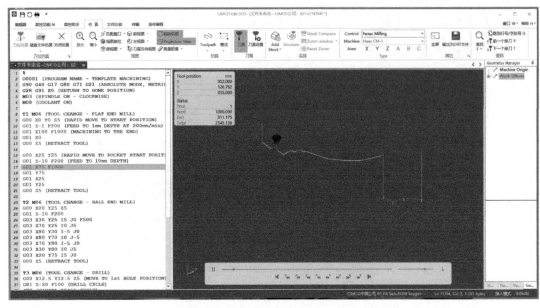

图 4-87　再次生成 G 代码的仿真结果

图 4-88　自定义 ChatGPT

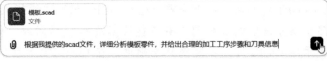

图 4-89　重新建立对话

> **提示**
>
> 　　仔细检查 ChatGPT 给出的信息，如果发现信息不正确，则单击聊天文本框旁边的 ⟳ Regenerate 按钮重新生成答案，以更正错误。如果再次或多次重新生成的答案还是有错误，可将错误直接告诉 ChatGPT，让其给出正确答案，避免后续创建 G 代码时出现一连串的错误。

11 以下是 ChatGPT 给出的工序步骤和刀具信息，如图 4-90 所示。因信息量大，故将部分信息用文字形式表达。

 ChatGPT

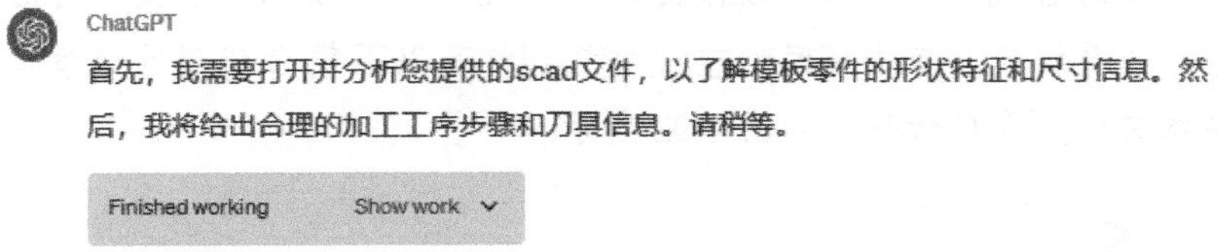

首先，我需要打开并分析您提供的scad文件，以了解模板零件的形状特征和尺寸信息。然后，我将给出合理的加工工序步骤和刀具信息。请稍等。

Finished working   Show work ∨

图 4-90   ChatGPT 的分析截图

根据初始分析，这个 SCAD 文件中描述了一个模板零件，其中包含如下内容。

1）基础形状是一个 100×100×20 的立方体。

2）一个位于中心的 50×50 矩形凹槽，深度为 10mm。

3）4 个直径为 10mm、深度为 10mm 的圆孔，分别位于左上角、左下角、右上角和右下角。

接下来将给出合理的加工工序和刀具信息。

加工工序步骤和刀具信息

工序 1：粗加工立方体

- 刀具：平面铣刀，刀径 10mm
- 转速：5000RPM
- 进给速度：1000mm/min
- 切削深度：5mm

工序 2：精加工立方体

- 刀具：平面铣刀，刀径 6mm
- 转速：7000RPM
- 进给速度：800mm/min
- 切削深度：2mm

工序 3：加工矩形凹槽

- 刀具：球头铣刀，刀径 8mm
- 转速：6000RPM
- 进给速度：900mm/min
- 切削深度：5mm

工序 4：加工 4 个圆孔（圆角处理）

- 刀具：钻头，刀径 10mm
- 转速：4000RPM
- 进给速度：500mm/min

工序 5：加工 4 个圆孔（导柱孔）

- 刀具：钻头，刀径 10mm
- 转速：4000RPM
- 进给速度：500mm/min

12 让 ChatGPT 生成完整的 G 代码，查看结果是否满足要求。如果不满足，可按照工序步骤分段生成 G 代码。完整的代码生成结果如图 4-91 所示。

13 由于生成的 G 代码比较多，ChatGPT 将 G 代码自动以记事本文件的形式存放，并给出了下载链接。单击 模板零件加工G代码.txt 可以下载 G 代码的记事本文件，打开记事本文件查看 G 代码，如图 4-92 所示。

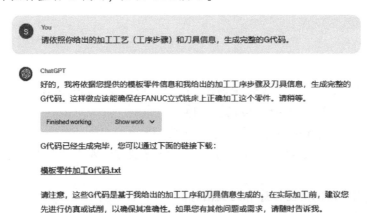

图 4-91　ChatGPT 生成的 G 代码

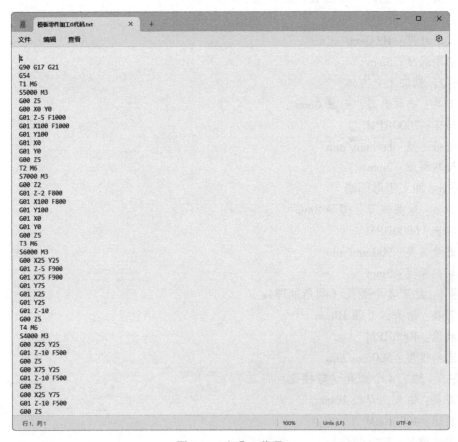

图 4-92　查看 G 代码

14 将 G 代码全部复制并粘贴到 Cimco Edit 2023 中进行仿真，刀路预览如图 4-93 所示。

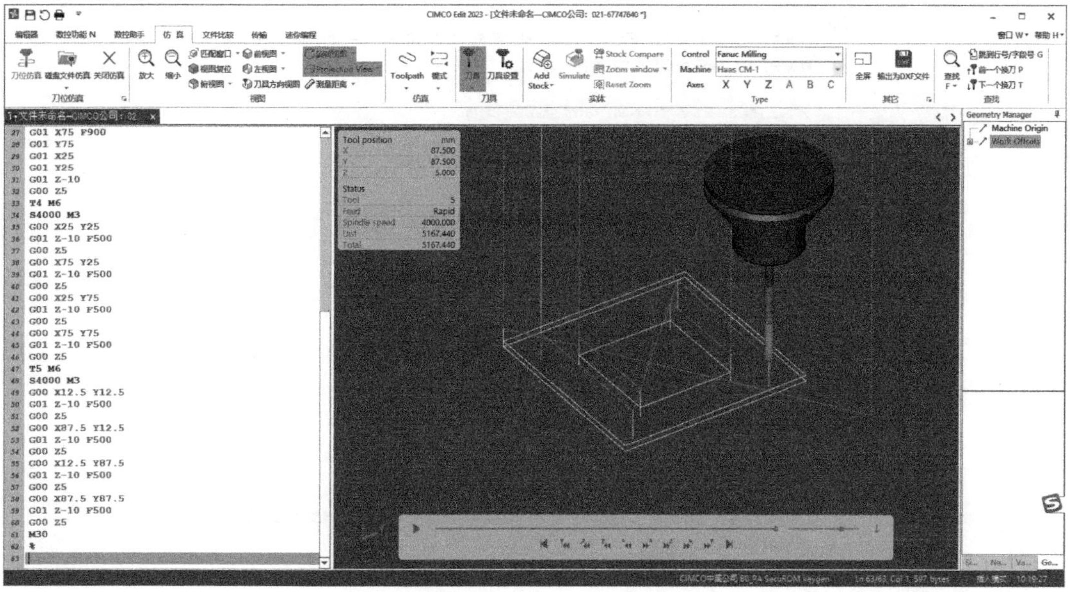

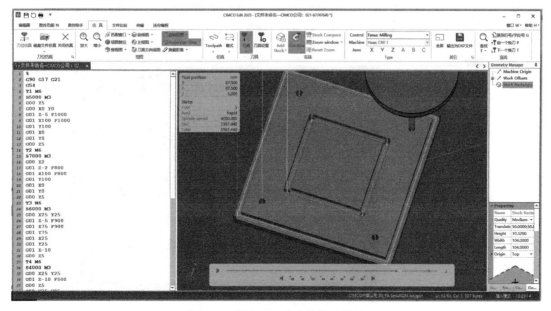

图 4-93 查看仿真界面中的刀路

15 增加毛坯进行仿真，仿真结果如图 4-94 所示。从结果看，刀路还需进一步完善，主要问题有五个。一是没有铣削模板零件表面 1mm 的往复式刀路，设置每个切削层深度为 0.2mm；二是矩形凹槽的往复式刀路没有形成，仅铣削了凹槽的边缘，设置每个切削层深度为 1mm；三是凹槽的圆角孔钻削深度超出了 10mm，保持与矩形凹槽深度一致；四是导柱孔的钻削深度不够；五是第一个工序完成后，后面几个工序是在第一个工序遗留下来的工件上继续工作的。

图 4-94 增加毛坯的实体仿真结果

16 将问题表述发送给 ChatGPT，使其重新生成 G 代码，如图 4-95 所示。

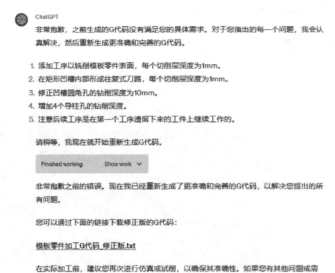

图 4-95　重新生成 G 代码

17 查看实体仿真结果，如图 4-96 所示。发现仿真结果还是不满意，需要进一步修改 G 代码。问题表现在以下几个方面：一是模板零件的表面铣削刀路是错误的，生成的是沿轮廓铣削的刀路，需要往复式刀路来铣削整个零件表面，且表面铣削的总深度为 1mm，每一切削层深度设为 0.2mm，采用直径 20mm 的平底铣刀；二是中间矩形凹槽加工后有残料，需要减少步进距离，即增加步路数，采用直径 10mm 的平底铣刀；三是增加一个沿轮廓铣削的刀路，用来清除矩形凹槽边缘的残料。

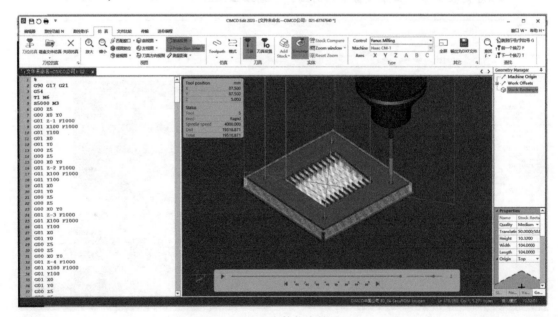

图 4-96　实体仿真结果

18 将出现的问题再次发送给 ChatGPT，使其重新生成更为准确的 G 代码，如图 4-97 所示。

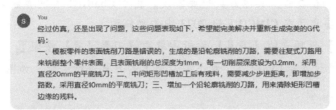

图 4-97 将问题表述发送给 ChatGPT

19 打开 G 代码的记事本文件，将最终版的 G 代码复制到 Cimco Edit 2023 中进行仿真，刀路预览和实体仿真结果如图 4-98 所示。

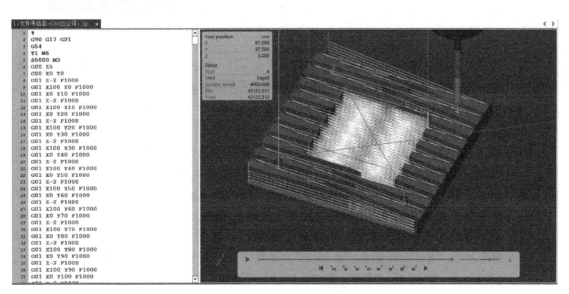

图 4-98 刀路预览和仿真结果

20 从仿真结果看，问题出在了铣削零件表面。结合 G 代码来看，每一刀的切削深度为 2mm，这与提出的要求是不符的，另外，表面往复式刀路的步进距离太大，导致大量残料在表面，其他刀具也要修改。由于 ChatGPT 有问答数量的限制，所以本次修正需要自己在 CIMCO Edit 2023 中手动修改。

21 在【仿真】选项卡的【刀具】面板中单击【刀具设置】按钮 🛠，弹出【Tool Manager（刀具过滤器）】窗口。双击编号为 1 的刀具进行编辑，如图 4-99 所示。

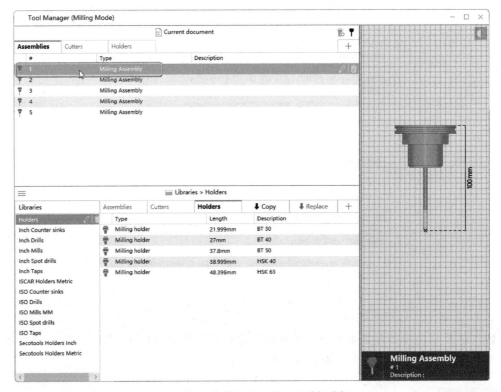

图 4-99　双击编号为 1 的刀具进行编辑

22 弹出刀具设计【Design】选项卡，在【End mill - Flat（立铣刀-平底）】选项右侧单击【Edit component（编辑组件）】按钮 ✎，如图 4-100 所示。

23 弹出详细的编辑组建选项，修改部分刀具参数即可，如图 4-101 所示。修改后单击【Save】按钮保存。

24 修改 T2 ~T5 的刀具直径至 10mm。修改完成后关闭刀具管理器窗口，刀具修改后的仿真效果随之更新，并且不再有残料存在，如图 4-102 所示。

25 此时，第一个工序中出现了多余的空刀，这是由于 ChatGPT 无法理解每一刀的切削深度造成的，因此它给出的每刀深度值仍然为 2mm，且总深度为 10mm。接着继续手动修改这个切削深度值，切换到【编辑器】选项卡，在代码编辑区的第 8 行，修改所有"Z-2"的值为"Z-10.2"，修改 T1 刀具下所有的"Z-4"为"Z-10.4""Z-6"为"Z-10.6""Z-8"为"Z-10.8""Z-10"为"Z-11"，修改代码后的预览效果如图 4-103 所示。

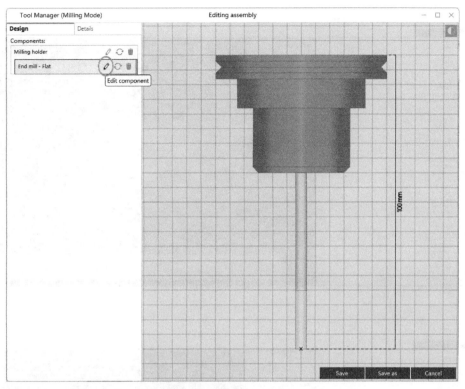

图 4-100　单击【Edit component（编辑组件）】按钮

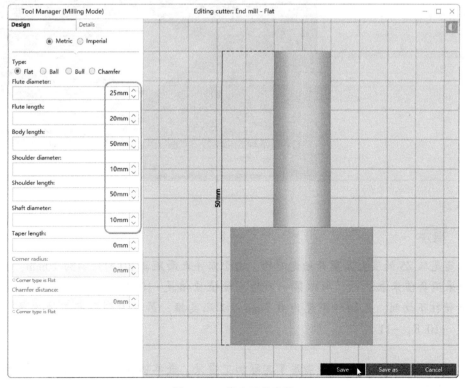

图 4-101　修改刀具参数

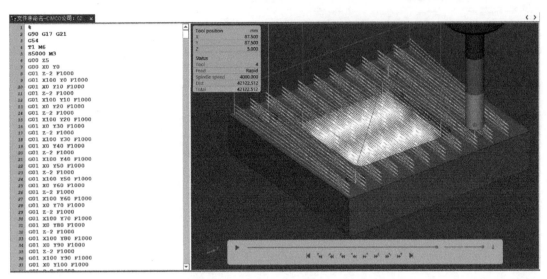

图 4-102　更新刀路和仿真效果

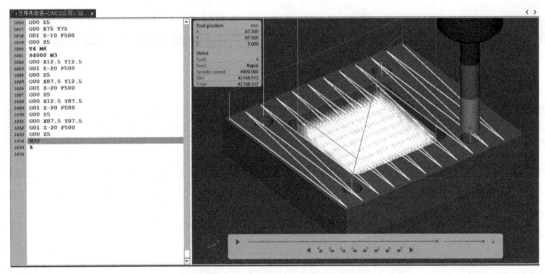

图 4-103　修改代码后的效果

提示

刀具是从 Z5 的安全高度开始走刀的，由于零件表面距离 Z0 的距离为 10mm，且刀具往下是采用负值来表达的，所以第一刀的深度值应该是 -10.2，表示在 -10 的位置（表面）开始往下切削，且切削深度为 0.2mm。以此类推，第二刀到第五刀依次是 -10.4、-10.6、-10.8、-11。

26 从预览效果看，基本上满足了实际加工需求，最终的实体仿真加工结果如图 4-104 所示。

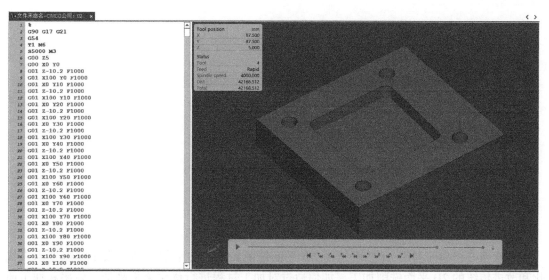

图 4-104　实体仿真加工结果

27 至此就实现了基于 ChatGPT 从生成三维模型、输出 SCAD 数据、分析加工工艺、生成 G 代码和 G 代码仿真模拟的 AI 全流程。最后，将 Cimco Edit 2023 的 G 代码保存以备用。

第 5 章

AI 辅助 2D 平面铣削加工

本章将介绍如何利用 AI 技术辅助 2D 平面铣削加工，讨论如何结合人工智能技术来优化和改进传统的 2D 平面铣削加工，如何通过对加工过程进行优化来提高加工效率和加工质量，并介绍一些常用的 AI 工具和方法。

 本章要点

- AI 辅助 Mastercam 2D 平面数控编程。
- CAM 自动化编程。

5.1　AI 辅助 Mastercam 2D 平面数控编程

2D 铣削加工是一种常见的金属加工工艺，主要用于平面、槽型等加工，2D 铣削的特点如下。

- 加工效率高，适合大批量生产。
- 可加工各种复杂形状的平面和槽型。
- 加工精度和表面质量较好。
- 属于平面二维刀轨。

图 5-1 是 2D 铣削加工的部件及其刀具路径（简称"刀路"）。观察 2D 铣削的属性可以注意到，不同于通过三维模型定义加工形状，2D 铣削通过边界线来界定加工区域，这些边界线由边或曲线构成，是 2D 铣削与其他类型铣削加工显著不同的地方，也是其特色所在。因此，2D 铣削能够执行其他加工方法难以处理的线性加工任务。

在 Mastercam 软件环境下，2D 铣削加工分为标准切削和高速切削两大类。标准切削涵盖了多种常规铣削方式，包括常见的面铣削（即平面铣削）、2D 挖槽、外形铣削、键槽铣削、模型倒角和雕刻共 6 种。

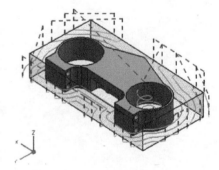

图 5-1　平面铣的零件及刀路

AI 辅助 2D 平面数控编程是指利用人工智能技术来优化和辅助 2D 平面加工的过程，包括工艺路径规划、参数优化、缺陷检测、代码生成等多个环节。通过机器学习、计算机视觉等 AI 技术的应用，可以实现加工路径的智能生成、实时监控和自适应优化等，提高加工精度、效率和一致性，并降低人工操作的工作强度。AI 辅助数控编程将提升传统 2D 铣削加工的自动化和智能化水平。

5.1.1　AI 辅助面铣削编程

面铣削加工是一种铣削操作，旨在生成工件的平坦表面。这项操作是通过旋转的切削工具——面铣刀来完成的，面铣刀与工件表面接触，会去除材料的上层，从而实现所需的表面平整度和精度。

1. 面铣削加工工艺

面铣削加工是一种常见的铣削工艺，这一过程涉及使用具有多齿的旋转面铣刀来切除材料，以确保达到预期的尺寸、形状和表面光洁度。面铣削操作可以根据不同的标准和要求分为以下几个关键阶段。

（1）工件安装与定位

在开始加工前，首先需要将工件正确固定在机床上，通常通过压板、夹具或者虎钳来完成，确保工件在加工过程中稳定不动。

然后精确调整工件的位置，使其与机床的坐标系统对齐，确保加工的准确性和重复性。

（2）刀具的选择与安装

选择合适的面铣刀，要考虑刀具的直径、齿数、材质（如高速钢或硬质合金）以及涂层，以适应工件材料和期望的表面质量要求。

安装刀具到主轴上，并确保刀具的中心线与工件面平行，同时调整到正确的深度和角度。

（3）编程与设置

利用 CAM 软件根据工件的三维模型生成加工程序，设定进给速度（进给率、进给速率）、转速、切入深度等加工参数。

在机床上输入或上传加工程序，并进行必要的校验，确保程序无误。

（4）粗加工

首先进行粗加工，目的是快速去除大部分多余材料。此时，刀具的进给速度和切割深度相对较大，但留有一定的余量供后续精加工。

可能需要分层或多遍加工，逐步接近最终尺寸，同时监控刀具磨损和机床负载。

（5）半精加工与精加工

半精加工进一步减少材料余量，为精加工做准备，此时的加工参数更加保守，以减小刀痕并提高表面光洁度。

精加工是最后一道工序，使用更轻的切削负载和更小的进给量，以获得最终的尺寸精度和表面光洁度。

（6）检测与测量

加工完成后，使用量具（如卡尺、高度规或三坐标测量机等）检查工件尺寸和几何公差，确保满足图纸要求。

（7）清理与表面处理（如果需要）

清理工件表面的切削残留物，必要时进行去毛刺、打磨或其他表面处理，提升成品的外观和功能性。

综上所述，每个阶段都对最终产品的质量和生产效率至关重要，因此操作者需要具备娴熟的技能和充足的经验，同时依赖精确的机床控制和适当的加工策略。

为了达到理想的加工效果，通常推荐使用尽可能大的面铣刀，这样可以在短时间内覆盖更大的工件表面，提高加工效率。大直径的面铣刀在去除材料时更为高效，但在追求表面光洁度方面可能需要进行权衡。在选择切削参数（如切削速度、进给速度和切削深度等）时，需要根据材料类型、所需的表面质量以及工件的具体要求来综合考虑。

2. Mastercam 的面铣削切削参数

在【机床】选项卡的【机床类型】面板中单击【铣床】|【默认】按钮，弹出【铣床-刀路】选项卡。在【铣床-刀路】选项卡的【2D】面板中单击【面铣】按钮，选取面铣串连后打开【2D 刀路-平面铣削】对话框，如图 5-2 所示。

在【2D 刀路-平面铣削】对话框中选择【切削参数】选项，显示【切削参数】选项设置面板，如图 5-3 所示。

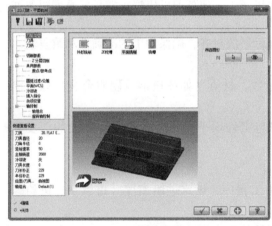

图 5-2 【2D 刀路-平面铣削】对话框

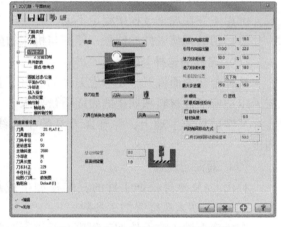

图 5-3 【切削参数】选项设置面板

在【切削参数】对话框中单击【类型】下拉列表，可以看到面铣削加工类型共有 4 种，如图 5-4 所示。

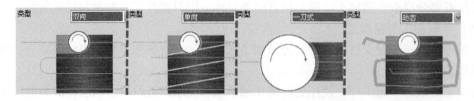

图 5-4 4 种面铣削类型

4 种面铣削类型的讲解如下。

- 双向：采用双向来回切削方式。

- 单向：采用单向切削方式。
- 一刀式：只切削一刀即可完成工件切削。
- 动态：跟随工件外形进行切削。

在【切削参数】对话框中有刀具超出量的控制选项，刀具超出量控制包括 4 个方面，如图 5-5 所示。

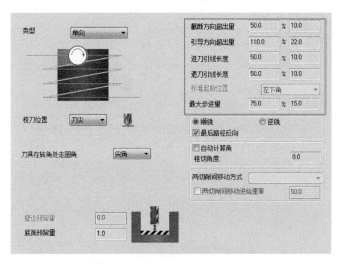

图 5-5 刀具超出量的控制选项

其参数含义如下。
- 截断方向超出量：截断方向切削刀具路径超出面铣轮廓的量。
- 引导方向超出量：切削方向切削刀具路径超出面铣轮廓的量。
- 进刀引线长度：面铣削导引入切削刀具路径超出面铣轮廓的量。
- 退刀引线长度：面铣削导引出切削刀具路径超出面铣轮廓的量。

实战案例——零件面铣削粗加工

接下来对图 5-6 的零件毛坯进行面铣削粗加工，粗加工刀路如图 5-7 所示。

图 5-6 零件毛坯

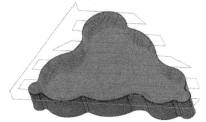

图 5-7 粗加工刀路

（1）AI 生成加工工艺方案

01 打开 ChatGPT 的国内站点，如图 5-8 所示。

02 在 ChatGPT 提示词文本框左侧单击【导入】按钮，从本例源文件夹中导入图片

.

文件"5-1 零件尺寸 .jpg"和"5-1 零件形状 .jpg",导入结果如图 5-9 所示。这两个图片分别是要加工零件的尺寸示意图和三维效果图。

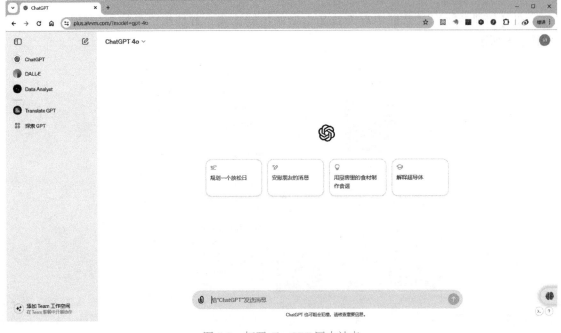

图 5-8　打开 ChatGPT 国内站点

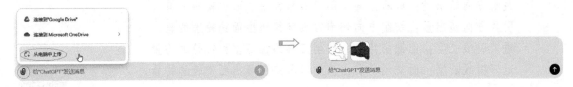

图 5-9　导入图片

03　在提示词文本框中输入"导入的图片为某零件的尺寸示意图和 3D 图,用面铣削粗加工方法加工该零件上表面和中间的凹槽,请给出合理的加工工艺,包括刀具型号的选择。"然后单击【发送信息】按钮❶发送信息,如图 5-10 所示。

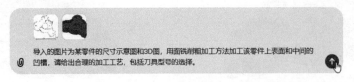

图 5-10　输入提示词并发送

04　ChatGPT 给出了加工工艺步骤,如图 5-11 所示。给出的加工工艺中,ChatGPT 提到"粗铣上表面"用"50~80mm 的面铣刀","粗铣中间凹槽"用"16~25mm 的立铣刀"。

对于给定的零件，要使用面铣削粗加工方法加工该零件的上表面和中间的凹槽，下面是一个合理的加工工艺方案，包括刀具型号的选择：

加工工艺步骤

1. **夹具和安装**

- 使用合适的夹具固定工件，确保工件稳定且夹持牢固，避免加工过程中产生振动。

2. **粗铣上表面**

- **刀具选择**：选用大直径的面铣刀，建议使用直径为 50-80 mm 的面铣刀。
- **刀具型号推荐**：可以选用类似 Sandvik Coromant 的 CoroMill 245 面铣刀系列。
- **加工参数**：
    - **切削速度 (Vc)**：150-200 m/min（视材料而定，可以根据具体材料的推荐切削速度调整）
    - **进给速度 (F)**：0.1-0.3 mm/tooth
    - **切削深度 (ap)**：3-5 mm
- **加工步骤**：分层切削，每次切削深度控制在 3-5 mm，直到达到所需的表面高度。

3. **粗铣中间凹槽**

- **刀具选择**：选用较小直径的立铣刀，建议使用直径为 16-25 mm 的立铣刀。
- **刀具型号推荐**：可以使用类似 Sandvik Coromant 的 CoroMill Plura 立铣刀系列。
- **加工参数**：
    - **切削速度 (Vc)**：150-200 m/min（视材料而定）
    - **进给速度 (F)**：0.05-0.2 mm/tooth
    - **切削深度 (ap)**：2-4 mm
- **加工步骤**：分层切削，每次切削深度控制在 2-4 mm，逐步加工到所需的槽深度。

刀具参数选择依据

- **材料种类**：假设该零件材质为普通碳钢或铝合金，具体参数需根据材料特性调整。
- **机床性能**：切削参数需根据所使用机床的性能和刚性适当调整，以确保加工过程平稳进行。
- **刀具寿命**：在满足加工效率的前提下，合理选择切削参数以延长刀具寿命。

其他注意事项

- 在加工过程中要确保冷却液的充分供应，以避免刀具过热和工件变形。
- 定期检查刀具的磨损情况，必要时及时更换刀具以确保加工质量。
- 在加工凹槽时，要注意逐步加深，避免一次切削过多导致刀具损坏或工件损伤。

图 5-11　ChatGPT 给出的加工工艺步骤

（2）面铣削加工过程

01　启动 Mastercam 2024，在快速访问工具栏中单击【打开】按钮，打开"源文件\Ch05\5-1.mcam"模型文件。打开的模型中包括零件和毛坯模型。

02　在【机床】选项卡的【机床类型】面板中单击【铣床】|【默认】按钮，弹出【铣床-刀路】选项卡。

03　在【刀路】管理器面板中选择【毛坯设置】选项，在弹出的【机床群组属性】对话框的【毛坯设置】选项卡中选择【实体/网格】单选按钮，接着再单击【选择】按钮，在绘图区中选取毛坯模型，然后返回【机床群组属性】对话框单击【确定】按钮，完成毛坯的定义，如图 5-12 所示。

图 5-12　定义毛坯

04　在【铣床-刀路】选项卡的【2D】面板中单击【面铣】按钮，弹出【实体串连】对话框。单击【环】按钮，再选取要加工的零件外边缘作为加工串连，选取后单击【确定】按钮，如图 5-13 所示。

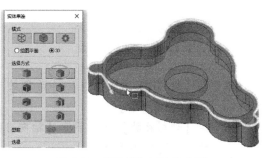

图 5-13　选取要加工的实体面

05 在弹出的【2D 刀路-平面铣削】对话框的左侧选项列表中选择【刀具】选项，右侧会显示刀具设置选项，在刀具列表的空白位置单击鼠标右键，选择右键快捷菜单中的【创建刀具】命令，如图 5-14 所示。

06 在弹出的【定义刀具】对话框中选取刀具类型为【面铣刀】，单击【下一步】按钮，如图 5-15 所示。

图 5-14　创建新刀具　　　　　　　　　　图 5-15　选择刀具类型

07 在【定义刀具图形】页面中设置刀具参数，如图 5-16 所示。然后单击【下一步】按钮。

08 在【完成属性】页面中设置刀具的其他属性参数，如图 5-17 所示。最后单击【完成】按钮完成刀具的定义。

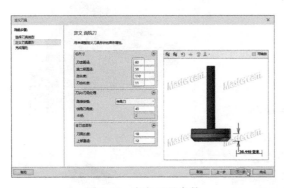

图 5-16　定义刀具参数　　　　　　　　　　图 5-17　设置刀具的其他属性参数

09 在【2D 刀路-平面铣削】对话框的【切削参数】选项设置面板中设置切削参数，如图 5-18 所示。

10 在【切削参数】选项下的【轴向分层切削】选项的设置面板中，设置轴向切削参数，如图 5-19 所示。

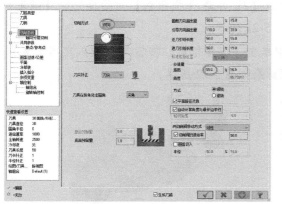

图 5-18　设置切削参数

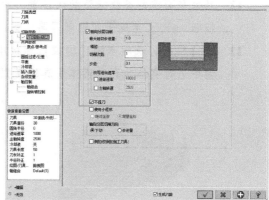

图 5-19　设置轴向切削参数

11 在【2D 刀路-平面铣削】对话框中选择【连接参数】选项，如图 5-20 所示。

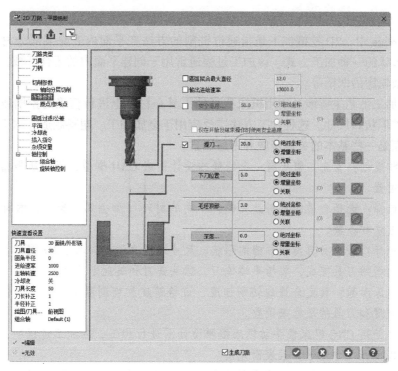

图 5-20　设置【连接参数】选项

> **技术要点**　　当需要同时加工多个平面时，除了约束好加工范围之外，最重要的是处理多个平面加工深度不一样的问题。本例中加工的两个平面，其起始平面和终止平面都不同，只是加工深度一致，都在各自的起始位置往下加工 0.2mm 的深度，因此，此处将加工串连绘制在要加工的起始位置平面上，将加工的工件表面和深度值都设置成增量坐标，即可解决这个问题。工件表面都是相对二维曲线距离为 0，深度都是相对工件表面往下 0.2mm，这样就解决了多平面不在同一平面的加工的问题。

12 其余平面铣削参数保留默认设置，单击【2D 刀路-平面铣削】对话框中的【确定】按钮 ✓ ，生成平面铣削刀路，如图 5-21 所示。

13 在【机床】选项卡的【模拟】面板中单击【实体仿真】按钮，进入实体仿真界面中进行实体仿真，实体仿真的模拟结果如图 5-22 所示。

图 5-21　生成的刀路

图 5-22　实体仿真模拟结果

5.1.2　AI 辅助 2D 挖槽加工

在 Mastercam 中，2D 挖槽加工是指通过铣削的方法在平面内去除某部分材料，以形成凹槽或口袋形状的一种加工方式。该加工过程通常用于创建平面内的闭合区域，如矩形、圆形或其他复杂轮廓的凹槽等。

2D 挖槽加工工艺主要涉及使用机床或其他工具在材料上进行精确的挖槽或切割，以形成所需的二维形状和尺寸。这种加工方法广泛应用于金属加工、塑料制造、木工和其他工业领域等。下面是一些基本的关键步骤和考虑因素。

- 设计和规划：首先，需要有一个明确的设计图或 CAD 模型，指定所需槽的形状、尺寸和位置。
- 材料选择：选择合适的材料是关键，不同的材料（如金属、塑料、木材等）将影响加工方法和参数。
- 刀具选择：根据材料类型和槽的形状、尺寸选择合适的刀具。2D 挖槽加工可以使用各种类型的刀具完成，包括平端铣刀、球头铣刀和其他专用铣刀等。
- 设定机床参数：设定合适的切削速度、进给速度和切削深度。这些参数必须根据材料的硬度和刀具的规格来调整。
- 加工：使用 CNC 机床或手动机床按照设计图进行加工。在加工过程中，需要持续监控，以确保尺寸精确并且表面光滑。
- 后处理：加工完成后，需要进行去毛刺、抛光和清洁等后处理步骤，以提高工件的表面质量和精度。

在 Mastercam 软件中进行 2D 挖槽加工时，操作者可以精确控制刀具路径、加工深度、进给速度等参数，以满足特定的设计要求。

Mastercam 的 2D 挖槽加工的挖槽方式有标准、平面铣、使用岛屿深度、残料和开放式挖槽 5 种，如图 5-23 所示。

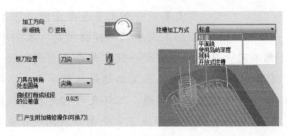
图 5-23　挖槽方式

- 标准：系统智能分型所选的加工边界串连，将最大的闭合串连视为要加工的区域，刀具受加工区域约束，最大闭合串连中的所有小封闭串连都被视为不可加工区域。
- 平面铣：此挖槽加工方式将忽略岛进行铣削加工。
- 使用岛屿深度：此挖槽加工方式可根据零件中的不同岛的深度来自动调整切削。
- 残料：用于半精加工或精加工，系统会自动计算上次加工后的残料，并进行残料清理加工，而其余已加工区域将不会重复加工。
- 开放式挖槽：可通过开放的槽口刀具自由进出。

实战案例——零件凹槽挖槽加工

本例将对图 5-24 的零件凹槽进行挖槽粗加工，粗加工刀路如图 5-25 所示。

图 5-24　加工零件　　　　图 5-25　粗加工刀路

（1）AI 生成加工工艺方案

01 在 ChatGPT 中单击【导入】按钮，导入本例源文件"5-2 零件尺寸 .jpg"，并输入提示词"结合导入的图片，生成一个铣削零件内部凹槽的粗加工工艺方案。加工零件的材料为 45 钢，将采用 2D 挖槽加工方法。"然后单击【发送信息】按钮发送信息，如图 5-26 所示。

结合导入的图片，生成一个铣削零件内部凹槽的粗加工工艺方案。加工零件的材料为45钢，将采用2D挖槽加工方法。

图 5-26　导入图片并输入提示词

02 ChatGPT 会生成 2D 挖槽粗加工的加工工艺，如图 5-27 所示。生成的工艺方案中无故增加了零件外形铣削加工的加工步骤，说明 ChatGPT 并没有完全理解图片的信息。

03 重新对 ChatGPT 提出新的要求"不需要外形铣削，只铣削内部凹槽"，稍后 ChatGPT 会再次生成新工艺方案，如图 5-28 所示。

04 根据新方案，可以确定加工刀具为硬质合金立铣刀，直径 10mm，主轴转速为 2000～3000 转/分钟，切削进给速度为 200～400mm/min，每次切削深度为 2～5mm。

（2）2D 挖槽加工过程

01 打开本例源文件"5-2.mcam"。

02 在【机床】选项卡的【机床类型】面板中单击【铣床】|【默认】按钮，弹出【铣床-刀路】选项卡。

根据导入的图片，以下是针对45钢材料的铣削零件内部凹槽的粗加工工艺方案，采用2D挖槽加工方法。

工艺方案：

1. 工艺准备：

- **材料准备：** 确认45钢毛坯尺寸满足加工需求。
- **刀具准备：** 选择合适的铣刀（例如，直径为10mm的硬质合金立铣刀）。
- **机床准备：** 确保机床精度和稳定性，清洁工作台面，安装工件。

2. 工件固定：

- 使用虎钳或夹具将工件固定在机床工作台上，确保工件在加工过程中不会移动。

3. 加工参数设定：

- **转速：** 根据45钢的材料特性，选择适当的主轴转速（例如，2000-3000转/分钟）。
- **进给速度：** 选择合适的进给速度（例如，200-400 mm/min），保证切削平稳。
- **切削深度：** 粗加工阶段，每次切削深度可以设定为2-5mm。

4. 加工步骤：

- **外形铣削：** 首先采用周边法（沿着工件外形的周边铣削）进行粗加工，以去除大部分材料。
  - 按照图纸中标注的100x100 mm的外形尺寸进行铣削，注意圆角的处理，R4的圆角可通过角铣刀或者合适半径的铣刀完 ↓

- **内部凹槽铣削：**
  - 按照图纸中的内轮廓形状，使用CAD/CAM编程生成2D挖槽路径。
  - 使用直径为10mm的立铣刀，逐步按深度分层进行粗加工，每次切削深度设定为2-5mm，直到达到图纸中要求的15mm总深度。
  - 注意内部形状的过渡圆角和内槽的形状精度，确保R31, R10和R4等圆角按要求加工。

5. 冷却润滑：

- 加工过程中使用切削液进行冷却和润滑，减少刀具磨损，改善加工表面质量。

6. 质量检查：

- 粗加工完成后，使用游标卡尺、内径千分尺等量具对工件进行尺寸检查，确保达到图纸要求的尺寸和形状公差。
- 如有需要，可进行必要的半精加工或精加工，以进一步提升加工精度和表面质量。

注意事项：

- 确保机床和刀具的稳定性，避免加工过程中出现振动。
- 刀具磨损后及时更换，保证加工精度。
- 加工过程中时刻注意工件的冷却，防止工件变形和刀具过热。

通过以上工艺步骤，可以有效地完成45钢材料零件的内部凹槽粗加工，达到预期的加工效果。

图 5-27　ChatGPT 给出的答案

好的，以下是针对45钢材料的内部凹槽粗加工工艺方案，采用2D挖槽加工方法，并不涉及外形铣削。

工艺方案：

1. 工艺准备：

- **材料准备：** 确认45钢毛坯尺寸满足加工需求，且已完成外形加工。
- **刀具准备：** 选择合适的铣刀（例如，直径为10mm的硬质合金立铣刀）。
- **机床准备：** 确保机床精度和稳定性，清洁工作台面，安装工件。

2. 工件固定：

- 使用虎钳或夹具将工件固定在机床工作台上，确保工件在加工过程中不会移动。

3. 加工参数设定：

- **转速：** 根据45钢的材料特性，选择适当的主轴转速（例如，2000-3000转/分钟）。
- **进给速度：** 选择合适的进给速度（例如，200-400 mm/min），保证切削平稳。
- **切削深度：** 粗加工阶段，每次切削深度可以设定为2-5mm。

4. 加工步骤：

- **内部凹槽铣削：**
  - 按照图纸中的内轮廓形状，使用CAD/CAM编程生成2D挖槽路径。

- 使用直径为10mm的立铣刀，逐步按深度分层进行粗加工，每次切削深度设定为2-5mm，直到达到图纸中要求的15mm总深度。
- 注意内部形状的过渡圆角和内槽的形状精度，确保R31, R10和R4等圆角按要求加工。

5. 冷却润滑：

- 加工过程中使用切削液进行冷却和润滑，减少刀具磨损，改善加工表面质量。

6. 质量检查：

- 粗加工完成后，使用游标卡尺、内径千分尺等量具对工件进行尺寸检查，确保达到图纸要求的尺寸和形状公差。
- 如有需要，可进行必要的半精加工或精加工，以进一步提升加工精度和表面质量。

注意事项：

- 确保机床和刀具的稳定性，避免加工过程中出现振动。
- 刀具磨损后及时更换，保证加工精度。
- 加工过程中时刻注意工件的冷却，防止工件变形和刀具过热。

通过以上工艺步骤，可以有效地完成45钢材料零件的内部凹槽粗加工，达到预期的加工效果。

图 5-28　重新生成的工艺方案

03 在【2D】面板中单击【挖槽】按钮▣，弹出【实体串连】对话框。选取零件凹槽的底平面边线作为加工边界，如图 5-29 所示。然后单击【确定】按钮。

04 在弹出的【编辑刀具】对话框的【定义刀具图形】页面中新建刀齿直径为 10mm（可表达为 D10）的硬质合金立铣刀，如图 5-30 所示。

图 5-29　选取加工边界

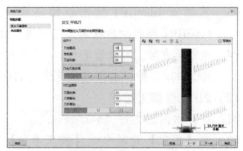

图 5-30　设置刀具参数

05 在【粗切】选项设置面板中设置粗切的切削方式以及切削间距等参数，如图 5-31 所示。

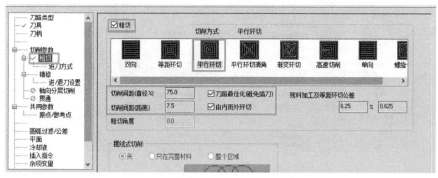

图 5-31 设置粗切的切削参数

06 在【进刀方式】选项设置面板中设置粗切进刀参数，如图 5-32 所示。

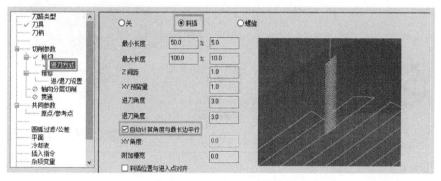

图 5-32 设置粗切进刀方式

07 在【精修】选项设置面板中设置精修参数，如图 5-33 所示。

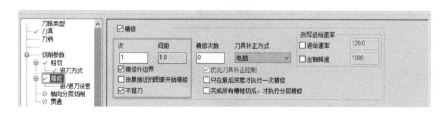

图 5-33 设置精修参数

08 在【轴向分层切削】选项设置面板中设置刀具在深度方向上的切削参数，如图 5-34 所示。

09 保留其他切削参数的默认设置，最后单击【2D 刀路-2D 挖槽】对话框中的【确定】按钮 ，自动生成刀具路径，如图 5-35 所示。

10 在【刀路】管理器面板中单击【毛坯设置】选项，弹出【机床群组属性】对话框，在【毛坯设置】选项卡中选择【实体/网格】单选按钮，然后选取零件作为毛坯参考，如图 5-36 所示。单击【确定】按钮完成毛坯的定义。

图 5-34　设置轴向分层切削参数

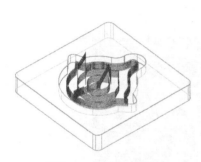

图 5-35　自动生成刀路

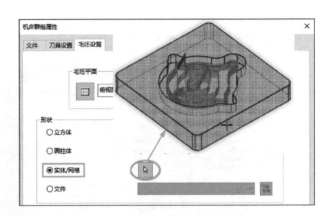

图 5-36　设置毛坯

11　单击【实体仿真】按钮 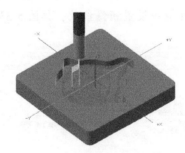 ，进行实体仿真模拟，如图 5-37 所示。

图 5-37　实体仿真模拟

外形铣削加工是一种通过铣床对工件的外形进行加工的工艺，通常用于制造具有复杂几何形状的零件，包括弯曲轮廓、曲线和其他不规则形状等。外形铣削加工在许多行业中都有广泛应用，尤其是在模具制造、航空航天、汽车和精密机械制造中。

1. 外形铣削加工工艺

外形铣削加工技术的不断进步，使其在现代制造业中发挥着越来越重要的作用。通过数控技术和先进的铣削工具，能够实现复杂零件的高效加工，满足不同工业领域的需求。

（1）外形铣削加工的主要特点

- 高精度：能够加工出高精度的复杂外形。
- 灵活性：适用于多种材料和多种复杂几何形状。
- 效率高：通过数控技术，可以实现高效率、高质量的加工。
- 适应性强：适合大批量生产以及单件小批量生产。

（2）外形铣削加工的步骤

- 工艺设计：根据工件的外形和尺寸要求设计加工工艺，选择合适的铣刀和加工参数。
- 编程：使用 CAD/CAM 软件生成数控程序，将工件的设计图转化为数控机床可以识别的 G 代码。
- 夹具安装：将工件牢固地固定在机床工作台上，以确保加工过程中的稳定性。
- 铣削加工：启动数控机床，按照预定的程序进行铣削加工，逐步去除多余材料，形成所需的外形。
- 质量检查：加工完成后，对工件进行测量和检查，确保其尺寸和形状符合设计要求。

（3）常用的设备和工具

- 数控铣床（CNC Milling Machine）：高精度数控铣床是外形铣削加工的主要设备。
- 铣刀（Milling Cutter）：根据加工要求选择合适的铣刀，如立铣刀、面铣刀、球头铣刀等。
- 夹具和工装（Fixtures and Tooling）：用于固定和支撑工件，确保加工的稳定性和精度。

2. Mastercam 的 5 种外形铣削方式

在【铣床-刀路】选项卡的【2D】面板中单击【外形】按钮，选取串连后弹出【2D刀路-外形铣削】对话框，在该对话框中的【切削参数】选项设置面板中，包含 5 种外形铣削方式，如图 5-38 所示。

图 5-38　5 种外形铣削方式

实战案例——外形铣削加工

本例将对图 5-39 的零件进行外形铣削粗加工，粗加工刀路如图 5-40 所示。

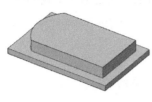

图 5-39　加工零件　　　　　　　　图 5-40　粗加工刀路

（1）AI 生成加工工艺方案

01 在 ChatGPT 中单击【导入】按钮 📎，导入本例源文件"5-3 零件尺寸 .jpg"，并输入提示词"结合导入的图片，生成一个铣削零件外形的粗加工工艺方案。零件材料为 45 钢，将采用 Mastercam 的外形铣削加工方法。"然后单击【发送信息】按钮发送信息，如图 5-41 所示。

图 5-41　导入图片并输入提示词

02 ChatGPT 会生成外形铣削加工的加工工艺，如图 5-42 所示。生成的工艺方案中增加了零件外形铣削加工的半精加工和精加工步骤。

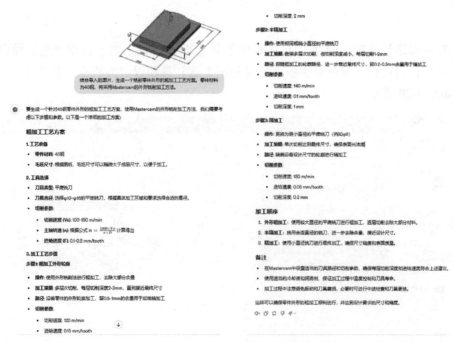

图 5-42　ChatGPT 给出的答案

03 根据生成的粗加工工艺步骤，可以确定加工刀具为平底立铣刀，刀具直径在 10~16mm 范围内选择，主轴转速为 5000 转/分钟，切削进给率为 120mm/min，每次切削深度为 2mm。

（2）外形铣削加工过程

01 打开本例源文件 "5-3.mcam"。在【机床】选项卡的【机床类型】面板中单击【铣床】|【默认】按钮，弹出【铣床-刀路】选项卡。

02 在【2D】面板中单击【外形】按钮█，弹出【实体串连】对话框，选取外形串连，如图 5-43 所示。

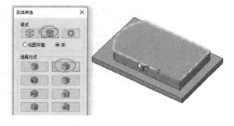

图 5-43 选取串连

03 在弹出的【2D 刀路-外形铣削】对话框的【刀具】选项设置面板中新建 D10 的平铣刀（总长度 110），创建方法与前面创建平铣刀的方法一致。

04 在【2D 刀路-外形铣削】对话框中的【切削参数】选项设置面板中设置切削参数，如图 5-44 所示。

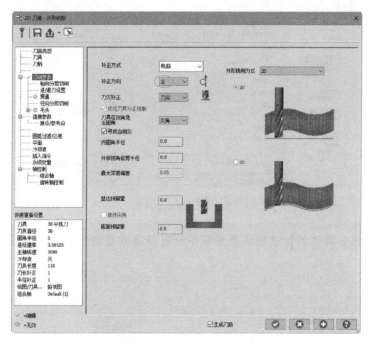

图 5-44 设置切削参数

> **技术要点**　　此处的补正方向要参考刚才选取的外形串连的方向和要铣削的区域，本例要铣削轮廓外的区域，计算机补偿要向外。如果所选外形串连的方向是逆时针，那么此处设置【补正方向】为【右】，反之则设置为【左】。补正方向的判断法则是：假若人面向串连方向，并沿串连方向行走，要铣削的区域在人的左手侧即向左补正，在右手侧即向右补正。

05 在【切削参数】下的【轴向分层铣削】选项设置面板中，设置深度分层切削参数，如图 5-45 所示。

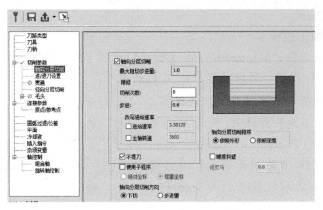

图 5-45 设置深度分层切削参数

06 在【进/退刀设置】选项设置面板中设置进刀和退刀参数，如图 5-46 所示。

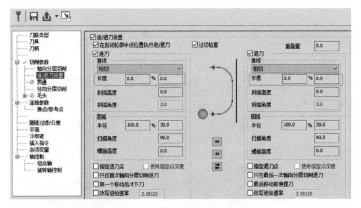

图 5-46 设置进/退刀参数

07 在【径向分层切削】选项设置面板中设置径向分层切削参数，如图 5-47 所示。

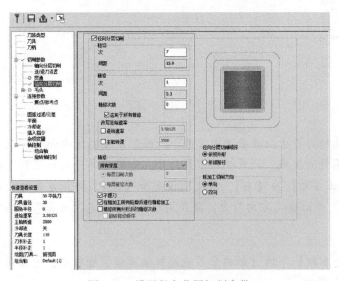

图 5-47 设置径向分层切削参数

08 在【连接参数】选项设置面板中设置连接参数，如图 5-48 所示。

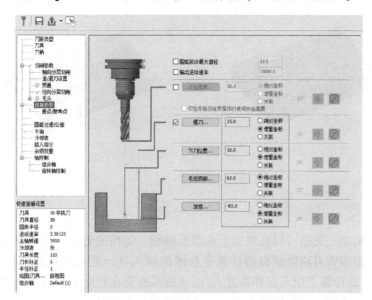

图 5-48 设置连接参数

09 单击【2D-外形铣削】对话框的【确定】按钮 ✔，生成刀具路径，如图 5-49 所示。

10 在【刀路】管理器面板中单击【毛坯设置】选项，弹出【机床群组属性】对话框，在【毛坯设置】选项卡中定义毛坯，如图 5-50 所示。

图 5-49 生成刀路

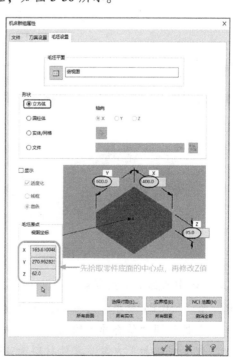

图 5-50 设置毛坯

11 单击【实体仿真】按钮，进行实体仿真模拟，如图 5-51 所示。

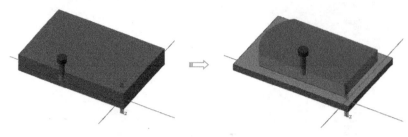

图 5-51　实体仿真模拟

5.1.4　AI 辅助键槽铣削加工

使用键槽铣削加工类型可以高效加工长圆形键槽。键槽的轮廓必须是封闭的，并包括两个平行的直边。键槽铣刀路绘制自动计算适合槽的切入点、进入点和退出点，如图 5-52 所示。Mastercam 自动计算了切入点并将进入/退出圆弧放置在轮廓的中点。键槽铣削只需一次即可完成加工，其槽铣刀的精度非常高，完全满足粗加工和精加工要求。

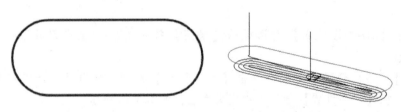

图 5-52　适用于键槽铣削加工类型的轮廓和刀路

实战案例——键槽铣削加工

本例是对图 5-53 的零件进行键槽铣削粗加工，粗加工刀路如图 5-54 所示。

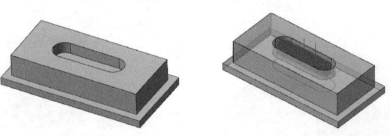

图 5-53　加工零件　　　　　图 5-54　粗加工刀路

（1）AI 生成加工工艺方案

01 在 ChatGPT 中单击【导入】按钮，导入本例源文件"5-4 零件尺寸 .jpg"，并输入提示词"结合导入的图片，生成一个铣削零件中键槽形状的粗加工工艺方案，仅生成粗加工方案。零件材料为 45 钢，将采用 Mastercam 的键槽铣削加工方法。"然后单击【发送信息】按钮发送信息，如图 5-55 所示。

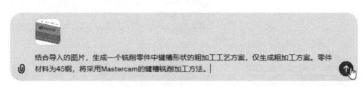

结合导入的图片，生成一个铣削零件中键槽形状的粗加工工艺方案，仅生成粗加工方案。零件
材料为45钢，将采用Mastercam的键槽铣削加工方法。

图 5-55　导入图片并输入提示词

02 ChatGPT 会生成外形铣削加工的加工工艺方案，如图 5-56 所示。

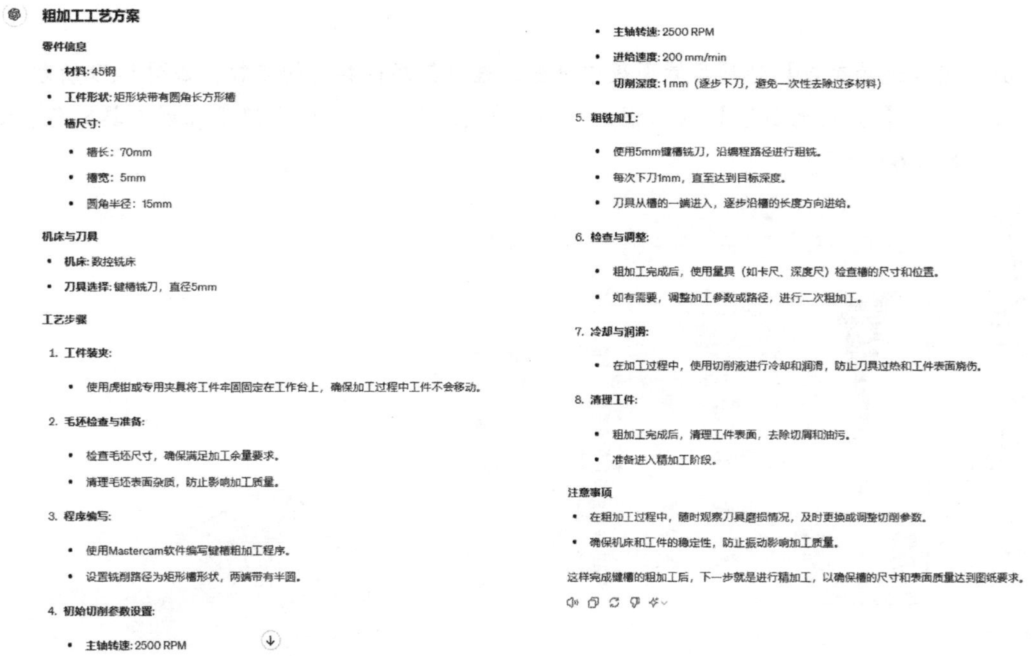

粗加工工艺方案

零件信息

- **材料:** 45钢
- **工件形状:** 矩形块带有圆角长方形槽
- **槽尺寸:**
  - 槽长: 70mm
  - 槽宽: 5mm
  - 圆角半径: 15mm

机床与刀具

- **机床:** 数控铣床
- **刀具选择:** 键槽铣刀，直径5mm

工艺步骤

1. **工件装夹:**
   - 使用虎钳或专用夹具将工件牢固固定在工作台上，确保加工过程中工件不会移动。

2. **毛坯检查与准备:**
   - 检查毛坯尺寸，确保满足加工余量要求。
   - 清理毛坯表面杂质，防止影响加工质量。

3. **程序编写:**
   - 使用Mastercam软件编写键槽粗加工程序。
   - 设置铣削路径为矩形槽形状，两端带有半圆。

4. **初始切削参数设置:**
   - 主轴转速: 2500 RPM

- 主轴转速: 2500 RPM
- 进给速度: 200 mm/min
- 切削深度: 1mm（逐步下刀，避免一次性去除过多材料）

5. **粗铣加工:**
   - 使用5mm键槽铣刀，沿调程路径进行粗铣。
   - 每次下刀1mm，直至达到目标深度。
   - 刀具从槽的一端进入，逐步沿槽的长度方向进给。

6. **检查与调整:**
   - 粗加工完成后，使用量具（如卡尺、深度尺）检查槽的尺寸和位置。
   - 如有需要，调整加工参数或路径，进行二次粗加工。

7. **冷却与润滑:**
   - 在加工过程中，使用切削液进行冷却和润滑，防止刀具过热和工件表面磨伤。

8. **清理工件:**
   - 粗加工完成后，清理工件表面，去除切屑和油污。
   - 准备进入精加工阶段。

注意事项

- 在粗加工过程中，随时观察刀具磨损情况，及时更换或调整切削参数。
- 确保机床和工件的稳定性，防止振动影响加工质量。

这样完成键槽的粗加工后，下一步就是进行精加工，以确保槽的尺寸和表面质量达到图纸要求。

图 5-56　ChatGPT 给出的答案

03 根据生成的粗加工工艺步骤，可以确定加工刀具为平底立铣刀，刀具直径在 5mm 范围内选择，主轴转速为 2500 转/分钟，切削进给率为 120mm/min，每次切削深度为 1mm。

（2）键槽铣削加工过程

01 打开本例源文件 "5-4.mcam"。在【机床】选项卡的【机床类型】面板中单击【铣床】|【默认】按钮，弹出【铣床-刀路】选项卡。

02 在【2D】面板中单击【键槽铣削】按钮，弹出【实体串连】对话框，选取外形串连，如图 5-57 所示。

03 在弹出的【2D 刀路-键槽铣削】对话框的【刀具】选项设置面板中新建 D5 的平铣刀。

04 在【切削参数】下的【轴向分层切削】选项设置面板中，设置深度分层切削参数，如图 5-58 所示。

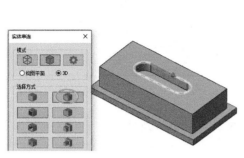

图 5-57　选取串连　　　　　　　　　　　图 5-58　设置深度分层切削参数

05　在【连接参数】选项设置面板中设置二维刀具路径共同的参数，如图 5-59 所示。

06　单击【2D-外形铣削】对话框的【确定】按钮 ☑ ，生成键槽铣削刀具路径，如图 5-60 所示。

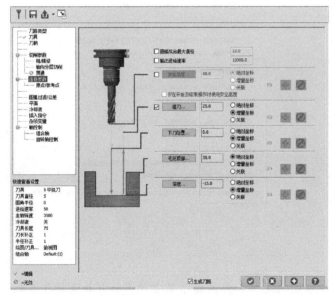

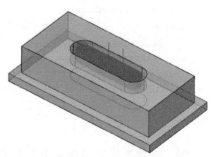

图 5-59　设置共同参数　　　　　　　　　　图 5-60　生成键槽铣削刀路

5.1.5　AI 辅助雕刻加工

雕刻加工是一种精细加工技术，它利用旋转的切削工具在材料表面制造图案、文字或其他细节。这种加工方式常用于艺术品、装饰品、工具和零件的定制化生产等，能够在各种材料上实现精细和复杂的设计。在现代制造中，雕刻加工经常通过数控（CNC）机床执行，特别是在需要高精度和复杂图案的场合。使用数控技术，可以通过计算机编程精确控制刀具路径和移动速度，实现复杂设计的高效生产。

在【铣床-刀路】选项卡中【2D】面板中单击【雕刻】按钮 ，选取串连后，弹出【雕刻】对话框。

【雕刻】对话框中除了【刀具参数】选项卡外，还有【雕刻参数】选项卡和【粗切/精修参数】选项卡，根据加工类型不同，需要设置的参数也不相同。雕刻加工的参数与挖槽非常类似，下面仅对不同处进行介绍。雕刻加工的参数设置主要是【粗切/精修参数】选项卡的参数设置，【粗切/精修参数】选项卡如图 5-61 所示。

1. 粗切

雕刻加工的粗切方式与挖槽类似，主要用来设置粗切走刀方式。粗切的走刀方式共有 4 种，其参数含义如下。

- 双向切削：刀具切削采用来回走刀的方式，中间不做提刀动作，如图 5-62a 所示。
- 单向切削：刀具只按某一方向切削，到终点后抬刀返回起点，再以同样的方式进行循环，如图 5-62b 所示。
- 平行环切：刀具采用环绕的方式进行切削，如图 5-62c 所示。
- 环切并清角：刀具采用环绕并清角的方式进行切削，如图 5-62d 所示。

图 5-61 【粗切/精修参数】选项卡

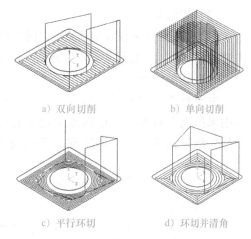

a）双向切削　　　　b）单向切削

c）平行环切　　　　d）环切并清角

图 5-62 粗切的走刀方式

2. 加工的排序方式

在【粗切/精修参数】选项卡中的【排序方式】下拉列表中有【选择排序】【由上而下】和【由左至右】3 种排序方式，用于设置当雕刻的曲线由多个区域组成时粗切精修的加工顺序，如图 5-63 所示。

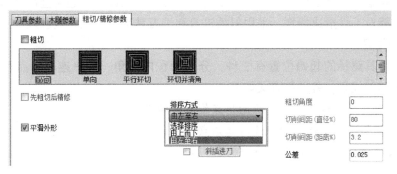

图 5-63 3 种排序方式

其参数含义如下。

- 选择排序：按用户选取串连的顺序进行加工。
- 由上而下：按从上往下的顺序进行加工。
- 由左至右：按从左往右的顺序进行加工。

3. 其他切削参数

雕刻加工的其他切削参数包括粗切角度、切削间距、切削图形等，下面将分别讲解。

（1）粗切角度

该项只有当粗切的方式为双向切削或单向切削时才被激活，在【粗切/精修参数】选项卡中的【粗切角度】文本框中输入粗切角度值，即可设置雕刻加工的切削方向与 X 轴的夹角方向。此处的默认值为 0，有时为了切削效果，可将粗加工的角度和精加工角度交错开，即将粗加工设置成不同的角度来达到目的。

（2）切削间距

切削间距是用来设置切削路径之间的距离，避免刀具间距过大，导致刀具损伤或加工后弹出过多的残料。一般设为 60%~75%，如果是 V 形刀，则设刀具底下有效距离的 60%~75%。

（3）切削图形

由于雕刻刀具采用 V 形刀具，加工后的图形就会呈现上大下小的槽形。切削图形就是用来控制刀具路径是在深度上还是在坯料顶部采用所选串连外型的形式，也就是选择让加工结果在深度上（即底部）反映设计图形，还是在顶部反映设计图形，其参数含义如下。

- 在深度：加工结果在加工的最后深度上与加工图形保持一致，而顶部比加工图形要大。
- 在顶部：加工结果在顶端加工出来的形状与加工图形保持一致，底部比加工图形要小。

（4）平滑外形

平滑外形是指对图形中某些局部区域不便加工的折角部分进行平滑化处理，使其便于刀具加工。

（5）斜插进刀

斜插进刀是指刀具在槽形工件内部采用斜向下刀的方式进刀，避免直接进刀而对刀具造成损伤，也可能对工件造成损伤。采用斜插进刀利于刀具平滑、顺利地进入工件。

（6）起始位置

设置雕刻刀具路径的起始位置有 3 种，分别为在内部角、在串连起始点和在直线的中心，主要适合雕刻线条。各参数含义如下。

- 在内部角：在曲线的内部转折的角点作为起始点进刀。
- 在串连起始点：在选取的串连的起始点作为进刀点。
- 在直线的中心：以直线的中点作为进刀点。

实战案例——文字雕刻加工

对图 5-64 的平面文字图形进行雕刻加工，加工模拟的结果如图 5-65 所示。

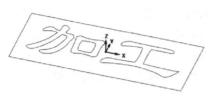
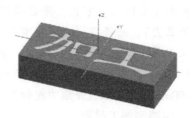

图 5-64 加工图形　　　　　　　　　　图 5-65 加工模拟的结果

（1）AI 生成加工工艺方案

01 在 ChatGPT 中单击【导入】按钮 ⓪，导入本例源文件 "5-5 零件尺寸 .jpg"，并输入提示词 "结合导入的图片，生成在 45 钢块上的一个文字雕刻铣削加工方案，将采用 Mastercam 的文字雕刻加工方法。" 然后单击【发送信息】按钮发送信息，如图 5-66 所示。

图 5-66 导入图片并输入提示词

02 ChatGPT 会生成外形铣削加工的加工工艺，如图 5-67 所示。生成的工艺方案中生成了文字雕刻加工的粗加工和精加工步骤。

为了生成在45钢块上的文字雕刻铣削加工方案，采用Mastercam的文字雕刻加工方法，以下是详细的步骤和建议：

工具和材料准备

1. 材料：45钢块
2. 刀具：
   - 小径球头铣刀
   - 端铣刀（用于粗加工）
   - 刻字刀（用于精加工）

Mastercam设定和步骤

1. 导入文件
   - 打开Mastercam软件，导入包含文字的DXF文件（或根据图纸手动绘制文字轮廓）。

2. 创建加工路径
   - 选择"铣削"模块，设置雕刻路径。
   - 使用"2D Engraving"功能，根据图片中的文字轮廓生成加工路径。

3. 设置加工参数
   - **刀具路径**：选择适合的刀具，如0.5mm球头铣刀用于细节雕刻。
   - **切削深度**：根据钢块的硬度和刀具的规格，设定适当的切削深度，一般为0.1-0.5mm。
   - **进给速度和主轴转速**：
     - 进给速度：100-200 mm/min（具体根据实际情况调整）
     - 主轴转速：10000-15000 RPM（具体根据刀具和材料调整）

4. 粗加工
   - 使用较大直径的端铣刀进行粗加工，去除大部分材料，确保加工区域清理干净，为精加工做准备。

5. 精加工
   - 使用球头铣刀或刻字刀进行精加工，刻出文字的细节部分。

6. 模拟加工：
   - 在Mastercam中进行加工路径的模拟，确保没有干涉和错误，并调整路径和参数。

7. 生成NC代码：
   - 一旦加工路径确认无误，生成适合CNC机床的NC代码。

CNC加工步骤

1. 装夹工件：
   - 将45钢块牢固地装夹在CNC机床的工作台上，确保稳固。

2. 加载程序：
   - 将生成的NC代码导入CNC机床。

3. 对刀和校正：
   - 根据程序设定的原点进行对刀和校正。

4. 开始加工：
   - 启动CNC机床，按照程序进行雕刻加工。
   - 在加工过程中监控刀具磨损和切削状态，必要时进行调整。

质量检测

1. 视觉检查：
   - 检查雕刻文字的完整性和清晰度。

2. 尺寸测量：
   - 使用测量工具（如卡尺、显微镜等）检查雕刻文字的尺寸是否符合设计要求。

3. 表面处理：
   - 根据需要进行表面抛光或清洗，去除加工残留物。

总结

通过以上步骤，可以在45钢块上精确雕刻出所需的文字图案，确保在每一步都严格遵循加工要求和安全规范，以达到最佳的加工效果。

图 5-67 ChatGPT 给出的答案

03 根据生成的工艺方案，可以确定加工刀具分别为粗加工的小直径球头铣刀（也称圆鼻刀）、端铣刀（由于没有告诉 ChatGPT 文字雕刻后的效果，所以给出两种粗加工刀具，即球刀铣削 U 形底、端铣刀铣削平底）和精加工的刻字刀，刀具直径在 1~2mm 范围内选择，主轴转速为 10000～15000 转/分钟，切削进给率为 100～200mm/min。本例介绍的粗加工、精加工的加工操作方法是完全相同的。

（2）文字雕刻加工过程

01 打开本例源文件 "5-5. mcam"。在【机床】选项卡的【机床类型】面板中单击【铣床】|【默认】按钮，弹出【铣床-刀路】选项卡。

02 在【2D】面板中单击【雕刻】按钮，弹出【线框串连】对话框，选取图 5-68 的串连。

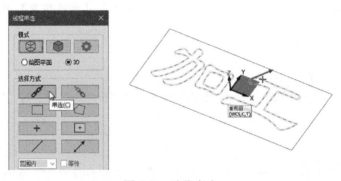

图 5-68　选取串连

03 在弹出的【雕刻】对话框的【刀具参数】选项卡中新建直径为 1mm 的圆鼻铣刀，如图 5-69 所示。

04 在【雕刻参数】选项卡中设置参数，单击【确定】按钮，完成参数设置，如图 5-70 所示。

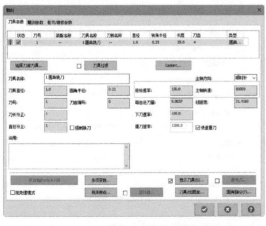

图 5-69　设置刀具　　　　　　　　　　图 5-70　设置雕刻参数

05 在【粗切/精修参数】选项卡中设置粗切方式和精修的相关参数，如图 5-71 所示。

06 根据设置的参数生成雕刻刀具路径，如图 5-72 所示。

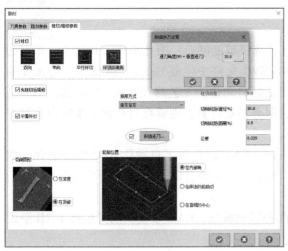

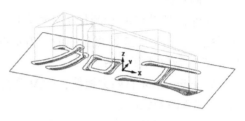

图 5-71 设置粗切/精修参数　　　　　　　　图 5-72 生成刀具路径

07 在【刀路】管理器面板中单击【毛坯设置】选项，弹出【机床群组属性】对话框，定义图 5-73 的毛坯。

08 单击【实体仿真】按钮，进行实体仿真模拟，如图 5-74 所示。

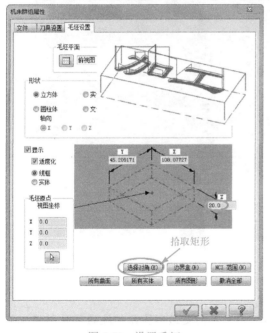

图 5-73 设置毛坯　　　　　　　　　　图 5-74 实体模拟结果

5.2　CAM 自动化编程

本节中将介绍基于人工智能技术的 CAM 自动编程技术，使用户可以轻松、快速地生成所需的加工刀路和刀路仿真模拟。

5.2.1　CAM 自动化编程工具——Temujin CAM

一家名为 Temujin CNC Services 的 CAM（计算机辅助制造）服务机构，开发了一款名为 Temujin CAM 的工具，能够从 STL 文件或 DXF/SVG 文件中生成 Gcode。这款工具的操作简单，用户只需拖放文件并进行少量设置，即可实现自动化的工艺路径生成。Temujin CAM 还提供了对自动化潜在价值的思考。该工具通过服务器端计算，能够在自动化工作流中为用户量身定制部件。

此外，对于 CNC 切削加工公司来说，Temujin CAM 还提供了自动化 RFQ 的可能性，取代了缓慢、昂贵的来回报价过程。Temujin CNC Services 的目的是通过创新的工具和服务，为 CNC 行业注入新的活力。

Temujin CAM 有两大板块：CAM 常规铣削和雕刻铣削。CAM 常规铣削又包括了 2D 平面铣削和 3D 曲面铣削。

Temujin CAM 的主页界面如图 5-75 所示。

图 5-75　Temujin CAM 主页界面

> **提示**　Ⅲ
>
> 　　Temujin CAM 的主页界面默认为英文界面，中文界面是通浏览器扩展的谷歌翻译工具进行网页翻译的结果。

在主页界面的右上角单击【计算机辅助制造】链接可进入 CAM 铣削加工的初始界面，如图 5-76 所示。

当导入模型文件（2D 或 3D）后，可自动进入 CAM 铣削加工操作界面，如图 5-77 所示。

图 5-76　CAM 铣削加工初始界面

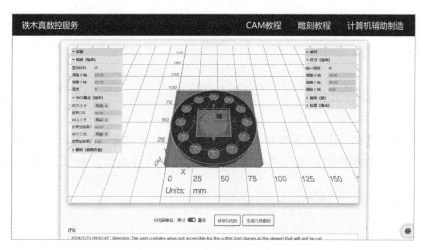

图 5-77　CAM 铣削加工操作界面

5.2.2　AI 辅助零件平面铣削加工案例

本例将对图 5-78 的零件进行铣削加工，包括零件粗加工和精加工。最终生成的加工刀路如图 5-79 所示。

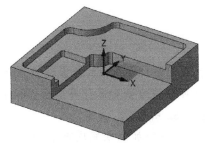

图 5-78　加工零件

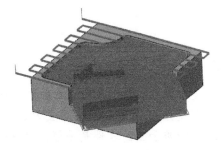

图 5-79　生成的刀路

175

本例零件中有多个开放凹槽，各槽深度均一样，但大小不同，Temujin CAM 将会自动分析零件并给出合理的加工方案。

实战案例——自动生成刀路和 G 代码

下面介绍自动生成刀路和 G 代码的操作步骤。

01 进入 Temujin CAM 的铣削加工初始界面，然后单击【选择文件】按钮，如图 5-80 所示。

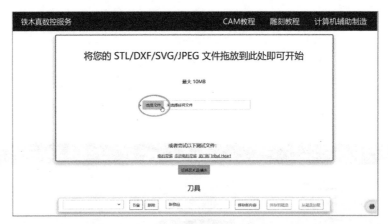

图 5-80　单击【选择文件】按钮

02 在弹出的【打开】对话框中，从本例源文件夹中打开"5-7.stl"文件，接着在弹出的【尺寸和单位】对话框中设置单位，再单击【继续】按钮，如图 5-81 所示。

图 5-81　打开模型并设置尺寸与单位

03 进入 Temujin CAM 的铣削加工操作界面。在视图窗口左上角的参数设置面板中设置毛坯尺寸。修改 X 轴、Y 轴和 Z 轴上的毛坯厚度值（例如零件厚度为 30mm，毛坯厚度应大于 30mm，可设置为 35mm），如图 5-82 所示。

04 由于要加工的零件是毛坯，所以需要先粗加工再精加工来完成铣削加工。在【刀具】选项组中，先设置 T01 的粗加工刀具，如图 5-83 所示。

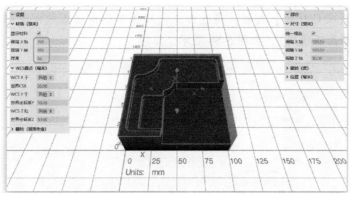

图 5-82　设置毛坯尺寸

> **提示**
>
> 　　建议分两次操作完成，如果同时设置粗加工和精加工，则达不到 Mastercam 中的那种先粗后精的效果。

05　在【设置】选项组中设置主轴启动和刀具替换选项，如图 5-84 所示。

图 5-83　设置粗加工刀具

图 5-84　设置主轴启动和刀具替换

06　保留其他选项及参数的默认设置，在视图窗口下方单击【生成刀具路径】按钮，自动完成粗加工操作，并生成相应的 G 代码，如图 5-85 所示。

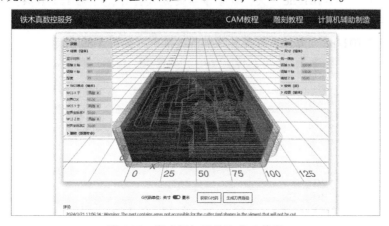

图 5-85　完成粗加工并生成 G 代码

07 单击【获取 G 代码】按钮，将粗加工代码保存到电脑本地磁盘中（先是粗加工代码后是精加工代码），如图 5-86 所示。

图 5-86　保存粗加工代码

08 在 Temujin CAM 的铣削加工操作界面中设置精加工的刀具选项，如图 5-87 所示。

09 设置 Z 轴间隙（毛坯余量），如图 5-88 所示。

图 5-87　设置精加工刀具

图 5-88　设置 Z 轴间隙

10 最后生成精加工刀路，并将精加工刀路保存。

实战案例——G 代码仿真验证

Temujin CAM 生成的 G 代码需要验证，以便及时找出问题并正确修改。这里使用 CIMCO Edit 2023 仿真软件进行仿真及验证操作，以下是操作步骤。

01 将保存的"5-7-T01.nc"文件以记事本的方式打开，可见 T01 刀具后面缺少 M6 换刀指令，需要添加该指令，否则在仿真时不会显示刀具和仿真验证的结果。同理，将"5-7-T02.nc"文件也打开并添加 M6 指令，如图 5-89 所示。

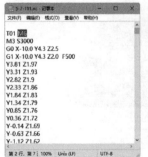
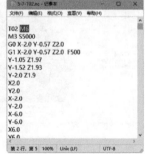

图 5-89　打开 NC 文件并添加 M6 换刀指令

02 启动 CIMCO Edit 2023 软件，如图 5-90 所示。

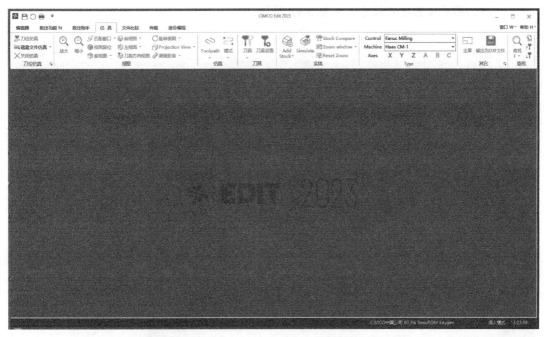

图 5-90　启动 CIMCO Edit 2023 软件

03 在【仿真】选项卡的【刀位仿真】面板中单击【磁盘文件仿真】按钮，将前面保存的粗加工 NC 文件 "5-7-T01.nc" 打开，图形区中显示粗加工刀路，如图 5-91 所示。

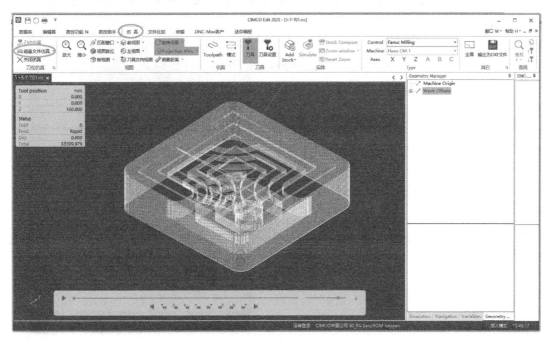

图 5-91　显示粗加工刀路

04 在功能区【仿真】选项卡的【实体】面板中单击【Add Stock】按钮，显示毛坯，然后设置毛坯尺寸，如图 5-92 所示。

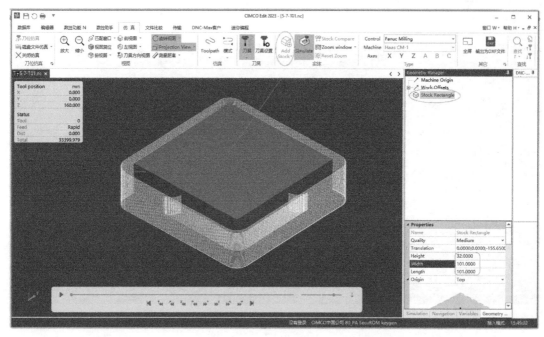

图 5-92　显示并设置毛坯

05 在【仿真】选项卡的【刀具】面板中单击【刀具设置】按钮，弹出【Tool Manager（刀具过滤器）】窗口。双击编号为 1 的刀具进行编辑，如图 5-93 所示。

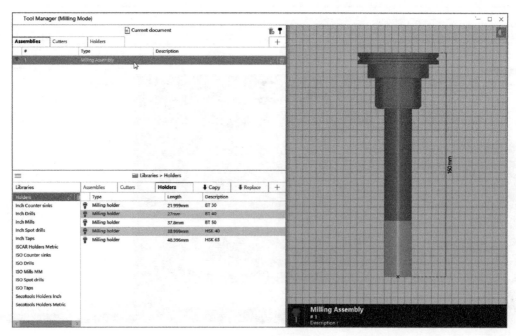

图 5-93　编辑刀具

06 在弹出的刀具设计【Design】选项卡的【End mill - Flat（立铣刀-平）】选项右侧单击【Edit component（编辑组件）】按钮 ✏️，如图 5-94 所示。

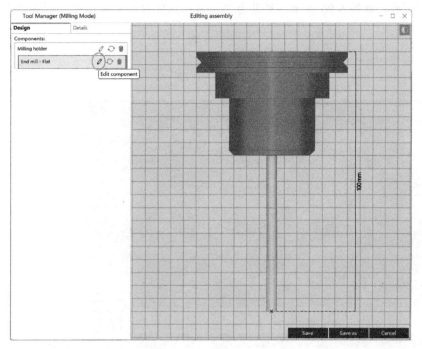

图 5-94 选择编辑组件命令

07 弹出详细的编辑组件选项，修改部分刀具参数即可，修改后单击【Save】按钮保存，如图 5-95 所示。

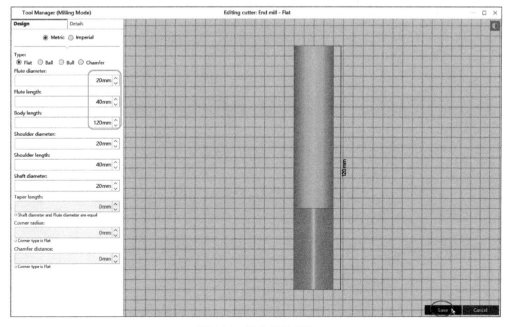

图 5-95 修改刀具参数

08 关闭【Tool Manager（Milling Mode）】窗口。

09 在底部的播放器工具条中单击【开始/结束仿真】按钮▶，可以播放刀具的动态加工过程，如图 5-96 所示。可见由 Temujin CAM 自动生成的 G 代码是完全正确的。

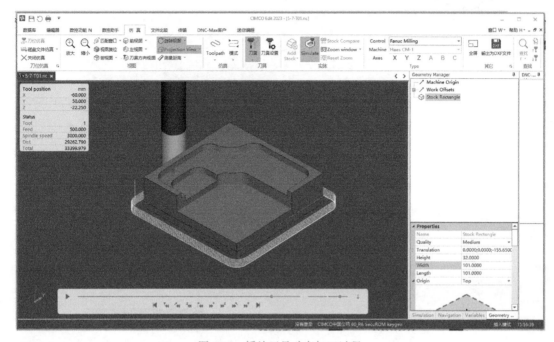

图 5-96　播放刀具动态加工过程

10 对精加工刀路以同样的步骤进行仿真验证。

第 6 章

AI 辅助 3D 曲面铣削加工

随着制造业向智能化、数字化方向发展，先进的金属加工技术在提高产品质量和生产效率方面发挥着越来越重要的作用。其中，曲面铣削和多轴铣削作为典型的复杂加工技术，受到了广泛关注。

本章将重点介绍 AI 在曲面铣削和多轴铣削加工中的实际应用。

 本章要点

- 曲面铣削与多轴铣削加工介绍。
- AI 辅助 Mastercam 曲面铣削加工。
- AI 辅助 Mastercam 多轴铣削加工。
- AI 全面自动化多轴铣削加工。

6.1 曲面铣削与多轴铣削加工介绍

曲面铣削和多轴铣削是先进的金属加工技术，能够满足复杂零件的加工需求，在航空航天、汽车制造等领域有着广泛应用。

6.1.1 曲面铣削加工类型

曲面铣削适用于切削具有带锥度的壁以及轮廓底部为曲面的部件。适合曲面铣削的零件如图 6-1 所示。

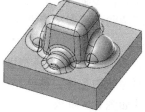

图 6-1 适合曲面铣削的零件

在【铣床-刀路】选项卡中展开【3D】面板中的所有工具命令，其中就包含了曲面铣削的粗切（也叫"粗加工"）和精切（也叫"精加工"）铣削类型。在【机床】选项卡的【机床类型】面板中单击【铣床】|【默认】按钮，弹出【铣床-刀路】选项卡。在【3D】面板中包括了所有曲面铣削加工类型，如图 6-2 所示。

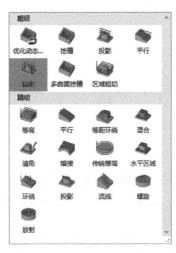

图 6-2　曲面铣削加工类型

> **提示**
>
> 　本章中的"精切"和"精加工"是一个意思，实际加工和数控切削理论中业内总是称之为"精加工"，"精切"是 Mastercam 软件中的名词，这里读者理解即可，不用统一。

曲面铣削也分常规铣削和高速铣削。在某些情况下，用户更希望使用常规铣削的加工方式来切削零件表面，而不是使用高速切削方式。常规铣削的加工方式有以下优势。

- 某些类型的刀具运动，例如切入式粗切，不受高速加工的支持或不适合高速加工。
- 有些数控机床不适合与高速刀具路径相关的较高进给率。例如，高速刀路往往会产生更多的退刀动作。
- 常规铣削可能具有高速版本中没有的选项和参数，例如"进刀/退刀"等选项。

Mastercam 粗切和精切的工具命令可相互应用，也就是说，使用粗切工具命令既可以进行粗切切削也可以进行精切切削。

6.1.2　多轴铣削加工类型

随着机床等基础制造技术的发展，多轴（3 轴及 3 轴以上）机床在生产制造过程中的使用越来越广泛。尤其是针对某些复杂曲面或者精度非常高的机械产品，加工中心的大面积覆盖使多轴的加工得到了更多的推广。

现代制造业所面对的经常是具有复杂型腔的高精度模具制造和复杂型面产品的外型加工，其共同特点是以复杂三维型面为结构主体，整体结构紧凑，制造精度要求高，加工成型难度极大。适用于多轴加工的零件如图 6-3 所示。

Mastercam 2024 的多轴铣削加工工具在【铣床-刀路】选项卡的【多轴加工】面板中，

包括【基本模型】和【扩展应用】两大类加工类型，如图 6-4 所示。

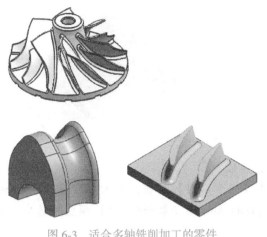

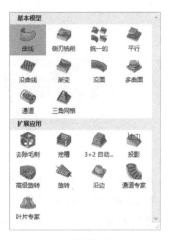

图 6-3　适合多轴铣削加工的零件　　　　图 6-4　多轴铣削加工工具

6.2　AI 辅助 Mastercam 曲面铣削加工

所谓的"常规"铣削类型是指利用传统的铣削加工方法，对零件表面进行粗切、半精切和精切，得到最终的光亮表面。传统的铣削加工缺点较多，主要表现为以下几点。

- 加工时间长。
- 刀具容易与零件发生碰撞。
- 每一次加工后的残料较多。
- 表面光洁度较差。

在 Mastercam 中，3D 曲面常规铣削类型包括粗切和精切两种。

> **提示**
>
> Mastercam 中的粗切和精切也就是日常加工中的常用语"粗加工"和"精加工"的意思。

6.2.1　3D 粗切铣削类型

3D 粗切铣削类型中用于常规铣削的有平行粗切、投影粗切、挖槽粗切、钻削粗切和多曲面挖槽等。

1. 平行粗切

平行粗切使用多个恒定的轴向切削层来快速去除毛坯。平行粗切的刀具沿指定的进给方向进行切削，生成的刀路相互平行。平行粗切刀路比较适合加工相对平坦的曲面，包括凸起曲面和凹陷曲面。

实战案例——AI 辅助 Mastercam 平行粗切

接下来结合人工智能语言大模型 ChatGPT 和 Mastercam，采用平行粗切的方法对图 6-5

的零件表面进行铣削加工,加工刀路如图 6-6 所示。

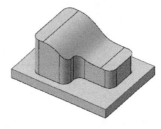

图 6-5　零件模型

图 6-6　加工刀路

（1）AI 辅助零件特征分析和加工工艺生成

01　在 ChatGPT 中单击左侧边栏中的【探索 GPT】按钮,进入 GPT（基于 ChatGPT 的插件和专业模型）主页,找到【Data Analyst（数据分析）】模型并选中,如图 6-7 所示。

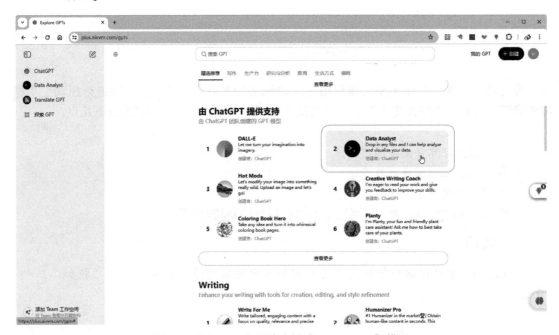

图 6-7　进入 GPT 主页并选择【Data Analyst】模型

02　进入 Data Analyst 模型的聊天模式。

03　单击【导入】按钮 ⓪,导入本例源文件"6-1.stl",并输入提示词"请用图谱仔细分析导入的模型,给出较为合理的数控加工工艺方案",然后单击【发送信息】按钮 ⬆ 发送信息,如图 6-8 所示。

图 6-8　导入模型文件并输入提示词

提示

ChatGPT 目前只能针对 stl、iges 和 scad 格式的模型文件进行数据分析。

---

04 ChatGPT 给出数据分析结果，如图 6-9 所示。

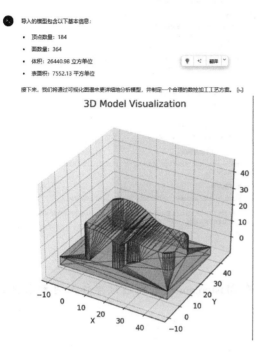

图 6-9 ChatGPT 给出的答案

05 虽然 ChatGPT 给出了初步工艺方案，但该方案略显粗糙，需要再次提出修改意见 "在 mastercam 中将采用'平行粗切'的 3D 铣削加工方式进行加工，材料为 45 钢，我需要更为详细的数控加工工艺方案，包括选择什么样的机床、刀具，以及刀具主轴转速、切削进给率、每一刀切削深度等。" 如图 6-10 所示。

图 6-10 向 ChatGPT 提出修改意见

06 发送信息后可以得到新的工艺方案，如图 6-11 所示。

提示

ChatGPT 给出的工艺方案并非就是实际加工中的参数设定，因为参数设定需要跟工厂的机床及数控系统相匹配，还要根据数控编程师的工作经验进行修正。

为了制定详细的数控加工工艺方案，考虑到使用Mastercam进行"平行粗切"的3D铣削加工45钢，以下是具体的步骤和参数建议：

1. 机床选择

选择适用于45钢的CNC立式铣床，例如：

- 型号：HAAS VF系列
- 主轴速度：可达到7500 RPM或更高
- 适用刀具：可支持多种刀具类型和换刀装置

2. 刀具选择

考虑45钢的硬度和加工特性，建议使用以下刀具：

- 刀具类型：硬质合金立铣刀
- 刀具直径：10-12 mm（粗加工）、6-8 mm（半精加工）、3-4 mm（精加工）

3. 刀具主轴转速

根据45钢的材料特性和刀具直径，主轴转速计算公式如下：
$$主轴转速 = \frac{1000 \times 切削速度}{\pi \times 刀具直径}$$

假设切削速度（Vc）为150 m/min，刀具直径为10 mm：
$$主轴转速 = \frac{1000 \times 150}{\pi \times 10} \approx 4775 \text{ RPM}$$

实际推荐转速范围：4000-5000 RPM

4. 切削进给率

切削进给率（F）计算公式如下：
$$F = 每齿进给量 \times 齿数 \times 主轴转速$$

假设每齿进给量（fz）为0.1 mm/齿，刀具齿数为4：
$$F = 0.1 \times 4 \times 4775 \approx 1910 \text{ mm/min}$$

实际推荐进给率范围：1800-2000 mm/min

5. 切削深度

每一刀切削深度（Ap）和侧向切削深度（Ae）根据粗加工和半精加工有所不同：

- 粗加工：每一刀切削深度为3-5 mm，侧向切削深度为50-70%刀具直径

- 半精加工：每一刀侧深度为1-2 mm，侧向切削深度为30-50%刀具直径

6. 加工步骤

6.1 粗加工（平行粗切）

- 刀具：直径10-12 mm的硬质合金立铣刀
- 主轴转速：4500 RPM
- 切削进给率：1900 mm/min
- 每一刀切削深度：4 mm
- 侧向切削深度：6 mm（50%刀具直径）

6.2 半精加工

- 刀具：直径6-8 mm的硬质合金立铣刀
- 主轴转速：5000 RPM
- 切削进给率：2000 mm/min
- 每一刀切削深度：1.5 mm
- 侧向切削深度：3 mm（40%刀具直径）

6.3 精加工

- 刀具：直径3-4 mm的硬质合金立铣刀
- 主轴转速：5000 RPM
- 切削进给率：1800 mm/min
- 每一刀切削深度：0.5 mm
- 侧向切削深度：1.5 mm（30%刀具直径）

7. 加工路径生成与模拟

在Mastercam中，选择"平行粗切"策略，并设置上述参数，生成加工路径，进行路径模拟，确保无磨损并优化路径。

8. 质量检测

加工完成后，使用三坐标测量机（CMM）对关键尺寸进行检验，确保符合设计要求。

以上方案提供了详细的数控加工工艺步骤和参数，希望能帮助您高效地加工45钢材料的模型。如果有具体的设备或刀具型号要求，参数可根据实际情况进一步调整。

图 6-11　ChatGPT 给出的新工艺方案

07 ChatGPT 给出的新工艺方案非常详细，在 Mastercam 中进行后续操作时可参照该工艺方案进行参数设定。

（2）平行粗切加工过程

01 打开本例源文件 "6-1.mcam"。

02 在【铣床-刀路】选项卡【3D】面板的【粗切】组中单击【平行】按钮🥢，弹出【选取工件形状】对话框。选择【凸】单选按钮，单击【确定】按钮 ✓，然后单击三次鼠标左键以选取零件作为工件形状，如图 6-12 所示。

03 在弹出的【刀路曲面选择】对话框中单击【移除】按钮移除系统选取的面，然后选取加工面和切削范围，如图 6-13 所示。选择完成后单击【确定】按钮 ✓。

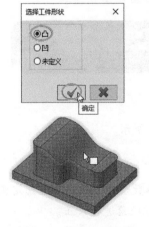

图 6-12　选取工件形状

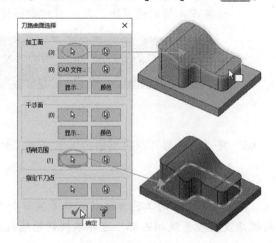

图 6-13　选取加工面和切削范围

04 在弹出的【曲面粗切平行】对话框的【刀具参数】选项卡中新建一把 D10 的圆鼻铣刀，其他参数保留默认设置，如图 6-14 所示。

05 在【曲面粗切平行】对话框的【曲面参数】选项卡中设置曲面相关参数，如图 6-15 所示。

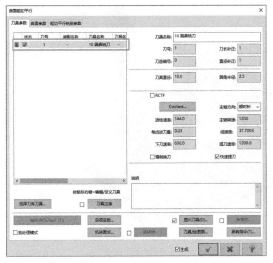

图 6-14 新建刀具

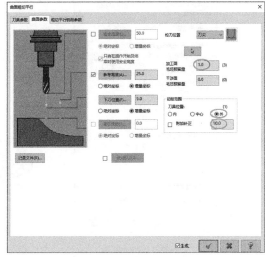

图 6-15 设置曲面参数

06 在【曲面粗切平行】对话框的【粗切平行铣削参数】选项卡中设置平行粗切的基本参数，如图 6-16 所示。

07 在【粗切平行铣削参数】选项卡中单击 切削深度 按钮，在弹出的【切削深度设置】对话框中设定第一层切削深度和最后一层切削深度，如图 6-17 所示。

图 6-16 设置平行粗切基本参数

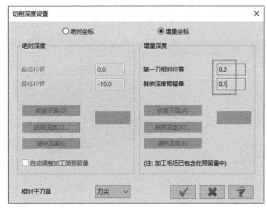

图 6-17 设置切削深度

08 在【粗切平行铣削参数】选项卡中单击 间隙设置(G) 按钮，在弹出的【刀路间隙设置】对话框中设置刀路在遇到间隙时的处理方式，如图 6-18 所示。

189

09 单击【曲面粗切平面】对话框中的【确定】按钮 ，生成平行粗切刀路，如图 6-19 所示。

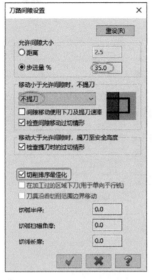

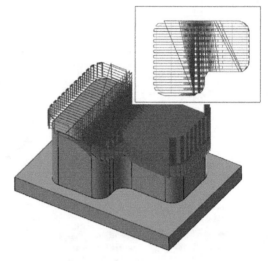

图 6-18　间隙设置　　　　　　　　　图 6-19　生成的平行粗切刀路

> **提示**
>
> 　　平行铣削加工的缺点是在比较陡的斜面会留下梯田状残料，而且残料比较多。另外，平行铣削加工的提刀次数特别多，对于凸起多的工件就更明显，而且只能直线下刀，对刀具不利。

2. 投影粗切

投影粗切是将选定的几何图形或现有刀路投影到曲面（加工区域）上以产生刀路。投影加工的类型有曲线投影、NCI 文件投影加工和点集投影等。

图 6-20 为曲线投影在刀曲面上形成刀路。

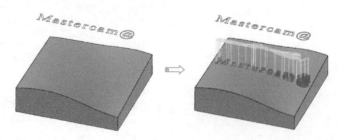

图 6-20　曲线投影在刀曲面上形成刀路

3. 挖槽粗切

挖槽粗切是将工件在同一高度上进行等分后产生分层铣削的刀路，即在同一高度上完成所有的加工后再进行下一个高度的加工，在每一层上的走刀方式与二维挖槽类似。挖槽粗切在实际粗切过程中使用频率最高，所以也称其为"万能粗切"，绝大多数的工件都可以利用挖槽来进行开粗。挖槽粗切提供了多样化的刀路和多种下刀方式，是粗切中最为重要的刀路。

图 6-21 为挖槽粗切加工零件和加工刀路。

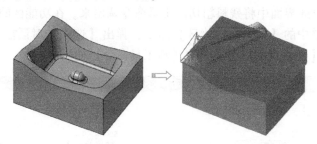

图 6-21　挖槽粗切加工零件和加工刀路

4. 钻削粗切

钻削粗切是使用类似钻孔的方式，快速地对工件进行粗切。这种加工方式有专用刀具，刀具中心有冷却液的出水孔，以供钻削时顺利排屑，适合对比较深的工件进行加工。

图 6-22 为在零件表面进行钻削式粗切。

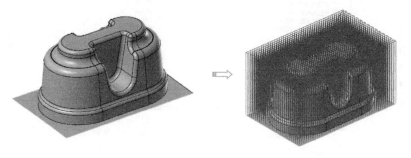

图 6-22　在零件表面钻削粗切

> **技术要点**　　插削粗切是使用类似钻头的专用刀具并采用钻削的方式加工，用来切削深腔工件加工，需要大批量去除材料，加工效率高、去除材料快、切削量大，对机床刚性要求非常高。一般情况下不建议采用此刀轨加工。

5. 多曲面挖槽粗切

多曲面挖槽粗切是通过创建一系列的平面切削快速地去除大量毛坯，这种铣削加工方法被大量用于实际的零件粗切。

图 6-23 为在零件凹槽表面进行多曲面挖槽粗切，并生成粗切刀路。

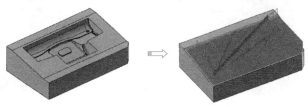

图 6-23　在零件凹槽表面多曲面挖槽粗切

6. 残料粗切

残料粗切可以侦测先前曲面粗切刀路留下来的残料，并用等高的加工方式铣削残料。残料粗切主要用于二次开粗。残料粗切铣削类型非常重要，适用于任何 3D 曲面的二次开粗。

在 Mastercam 2024 界面中将残料粗切的工具命令调出来。在功能区的空白位置单击鼠标右键，选择快捷菜单中的【自定义功能区】命令，弹出【选项】对话框。按图 6-24 的步骤添加命令到新建的【铣削刀路】选项卡的【新工具命令】面板中。

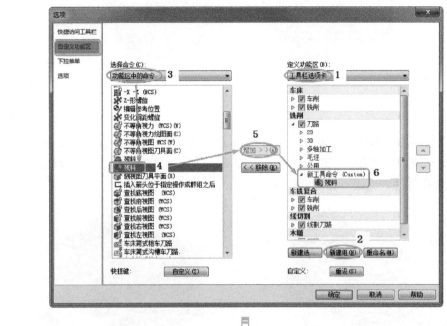

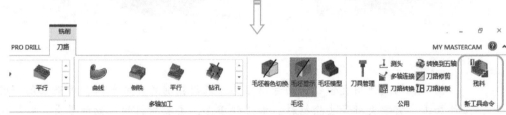

图 6-24　添加【自定义功能区】命令

图 6-25 为进行残料粗切（基于首次开粗后的二次开粗）的凸台零件，生成的残料粗切刀路如图 6-26 所示。

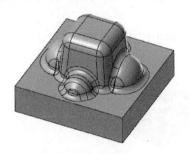

图 6-25　凸台零件模型

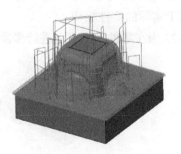

图 6-26　残料粗切刀路

> **提示**
>
> 加工过程中通常采用大直径刀具进行开粗，快速去除大部分残料，再采用残料粗切进行二次开粗，对大直径刀具无法加工到的区域进行再加工，这样有利于提高效率并节约成本。

6.2.2 3D 精切铣削类型

3D 精切是在粗切完成后对零件的最终切削，各项切削参数都要比粗切精细得多。本节中仅介绍常见的精切方式。

1. 等高精切与水平区域精切

等高精切适用于陡斜面加工，在工件上会产生沿等高线分布的刀路，相当于将工件沿 Z 轴进行等分。等高外形除了可以沿 Z 轴等分外，还可以沿外形等分。

水平区域精切是用来精切凸台零件中的平面区域部分，可与等高精切结合起来完成凸台零件的陡斜面和水平面的精切加工。下面通过案例来说明这两种精切类型的应用。

实战案例——AI 辅助 Mastercam 等高精切和水平区域精切

接下来对图 6-27 的零件表面（半精切的模拟结果）进行等高精切和水平区域精切，刀路如图 6-28 所示。精切之前已经完成了粗切和半精切（残料加工）。

图 6-27 零件半精切后的模拟结果

图 6-28 精切刀路

> **提示**
>
> 等高外形通常用于精切和半精切，主要对侧壁或者比较陡的曲面进行去材料加工，不适用于浅曲面加工。刀轨在陡斜面和浅平面的加工密度不一样，曲面越陡刀轨越密，加工效果越好。

（1）AI 辅助零件特征分析和加工工艺生成

01 在 ChatGPT 的 Data Analyst 模型聊天模式中单击【导入】按钮 ⓪，导入本例源文件 "6-1.stl"，并输入提示词"请用图谱仔细分析导入的模型，给出较为合理的数控加工工艺方案"，然后单击【发送信息】按钮 ⬆ 发送信息，如图 6-29 所示。

图 6-29 导入模型文件并输入提示词

02 ChatGPT 给出数据分析结果，如图 6-30 所示。

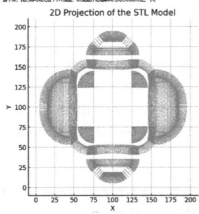

图 6-30　ChatGPT 给出的答案

03 这里 ChatGPT 同样没有一次性给出所有工艺方案，所以需要再次提出修改意见"能否推理出采用 Mastercam 中的哪一种或哪几种铣削加工类型对此零件进行加工?"ChatGPT 给出的回答如图 6-31 所示。从给出的答案中可以看出，ChatGPT 提供了非常详细的切削策略，其中涉及到曲面精加工铣削类型的等高加工和区域清理（这里以"平行精切"代替）。

图 6-31　ChatGPT 的回答

04 进一步咨询 ChatGPT "如果选用等高加工方式来精铣零件，请提供详细的加工工艺，包括刀具选择和切削参数等"，其回答如图 6-32 所示。

详细的等高加工工艺

等高加工（Constant Z Machining）是一种有效的加工方式，特别适用于复杂曲面的精铣。以下是详细的等高加工工艺，包括刀具选择和切削参数。

1. 刀具选择

- 刀具类型：球头铣刀（Ball Nose End Mill）
- 刀具直径：3 mm 到 10 mm，根据零件的尺寸和细节决定。常用的刀具直径为6 mm。

2. 切削参数

切削参数应根据材料、刀具和机器性能进行调整。以下是一般的参考值：

- 主轴转速（Spindle Speed）：
  - 钢材：8000 - 12000 RPM
  - 铝合金：10000 - 15000 RPM
  - 塑料：8000 - 12000 RPM
- 进给速度（Feed Rate）：
  - 钢材：500 - 1000 mm/min
  - 铝合金：1000 - 3000 mm/min
  - 塑料：800 - 2000 mm/min
- 切削深度（Depth of Cut）：
  - 0.2 - 1 mm，根据加工精度要求和刀具直径调整
- 侧向进给（Step Over）：
  - 10% - 30% 的刀具直径，通常设为15% - 20%

3. 加工步骤

1. 设定工件和夹具：
   - 确保工件固定牢固，夹具稳定可靠。
2. 编程与仿真：
   - 在Mastercam中设定等高加工路径，确保刀具路径沿着零件的等高线层进行加工。

- 仿真加工过程，检查是否有碰撞或干涉，确保安全。

3. 初步设定：
   - 设置好主轴转速和进给速度，检查刀具和工件的相对位置。

4. 粗加工（Optional）：
   - 如果未进行粗加工，可以先进行一次粗加工，去除大部分材料，减少精加工的负荷。

5. 等高精加工：
   - 开始进行等高精加工，确保刀具沿高线层进行逐层切削。
   - 调整切削参数以优化加工质量和效率。

6. 表面检测：
   - 使用三坐标测量机（CMM）或其他检测设备，对加工后的表面进行检测，确保达到设计要求。

示例刀具和参数设定

- 刀具：6 mm 球头铣刀
- 材料：铝合金
- 主轴转速：12000 RPM
- 进给速度：2000 mm/min
- 切削深度：0.5 mm
- 侧向进给：1.2 mm（20% 刀具直径）

注意事项

- 刀具磨损：定期检查刀具磨损情况，及时更换磨损的刀具。
- 冷却润滑：在加工过程中使用冷却液和润滑油，减少刀具磨损，提高表面质量。
- 安全操作：确保所有操作在安全条件下进行，操作人员应佩戴适当的防护装备。

通过以上详细的加工工艺，可以有效地进行等高精加工，确保零件达到所需的精度和表面质量。根据实际情况，可以进一步调整和优化这些参数和步骤。

图 6-32　ChatGPT 给出的详细加工工艺

05 ChatGPT 给出的新工艺方案非常详细，接下来在 Mastercam 中操作时可参照这个工艺方案进行切削参数设定，也可根据实际经验进行切削参数设定。

（2）等高精切加工过程

01 打开本例源文件 "6-2.mcam"。打开的零件模型已经完成粗切和半精切。

02 在【铣床-刀路】选项卡【3D】面板的【精切】组中单击【等高】按钮，弹出【3D 高速曲面刀路-等高】对话框。

03 在【模型图形】选项设置面板中的【加工图形】选项组中单击【选择图形】按钮，然后采用框选的方式选取底部平面及以上的所有面，如图 6-33 所示。

04 在【刀路控制】选项设置面板中单击【边界范围】按钮，弹出【实体串连】对话框，依次单击【实体】按钮和【环】按钮，然后在零件模型的底座上选取加工串连，如图 6-34 所示。

05 在【刀具】选项设置面板中选择已有的 D10 球刀作为当前加工刀具。

技术要点　　在等高精切加工中，系统会自动识别毛坯余量，无需用户指定毛坯。

06 在【切削参数】选项设置面板中设置【下切】的参数为 0.05，其余参数保留默认设置。

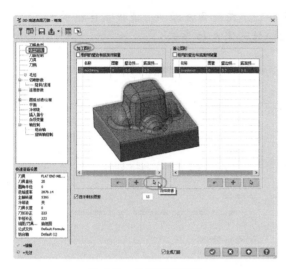

图 6-33　选取加工图形

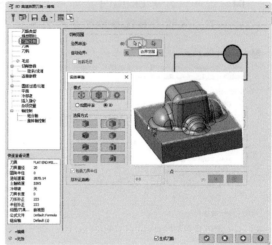

图 6-34　选取加工串连

07 在【共同参数】选项设置面板中定义共同参数，如图 6-35 所示。

08 在【平面】选项设置面板中设置工作坐标系、刀具平面和绘图平面均为【俯视图】，如图 6-36 所示。

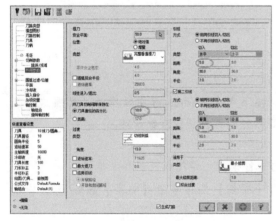

图 6-35　设置共同参数

图 6-36　设置平面

09 单击对话框中的【确定】按钮 ，生成等高精切刀路，如图 6-37 所示。

（3）平行精切加工过程

01 下面接着精切顶部和底部的两个平面，单击【水平区域】按钮 ，弹出【3D 高速曲面刀路-水平区域】对话框。

02 在【模型图形】选项设置面板中的【加工图形】选项组中单击【选择图形】按钮 ，然后选取顶部和底部两个平面，如图 6-38 所示。

> **技术要点**　　在平面区域精切加工中，系统会自动识别所选加工平面的边界为切削范围，千万不要在【刀路控制】选项设置面板中再重新选择切削范围的边界串连，否则系统不予识别，则无法生产加工刀路。

图 6-37　等高精切刀路　　　　　　　　图 6-38　选取加工平面

03 在【刀具】选项设置面板中选择已有的 D12 圆鼻铣刀作为当前加工刀具，如图 6-39 所示。

04 在【切削参数】选项设置面板中设置切削参数，如图 6-40 所示。

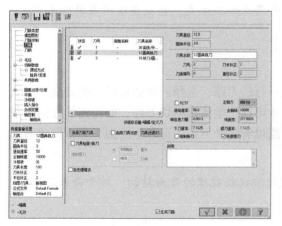

图 6-39　选择刀具　　　　　　　　　　图 6-40　设置切削参数

05 单击对话框中的【确定】按钮 ，生成平面区域精切刀路，如图 6-41 所示。

06 对所有的加工刀路进行实体模拟，模拟效果如图 6-42 所示。

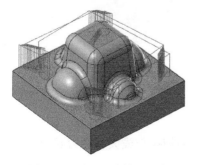

图 6-41　平面区域精切刀路　　　　　　图 6-42　实体模拟结果

2. 放射精切

　　放射精切主要用于类似回转体工件的加工，产生从一点向四周发散或者从四周向中心集中的精切刀路。值得注意的是，这种加工方式的边缘加工效果不太好，但刀路中心的加工效果比较好。

图 6-43 为在花瓣形曲面上进行放射精切加工生成刀路。

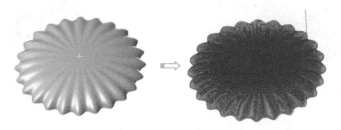

图 6-43　在花瓣形曲面进行放射精切加工生成刀路

> **提示**
>
> 　放射精切产生径向发散式刀轨，适用于具有放射状表面的加工，由于放射精切存在中心密四周疏的特点，因此一般工件不适合采用此加工方式，也较少使用在特殊形状的工件上。

3. 曲面流线精切

曲面流线精切是沿着曲面的流线产生相互平行的刀路，选择的曲面最好不要相交，且流线方向要相同，并确保刀路不产生冲突，这样才可以产生流线精切刀路。曲面流线方向一般有两个，且两方向相互垂直，所以流线精切刀路也有两个方向，可产生曲面引导方向或截断方向加工刀路。

 技术要点　曲面流线加工主要用于单个流线特征比较规律的曲面精切，对于曲面比较复杂的刀轨并不适合。

图 6-44 为在零件表面采用曲面流线精切生成的精切刀路。

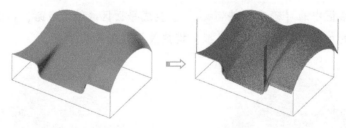

图 6-44　曲面流线精切加工刀路

4. 清角精切（3D 清根加工）

清角精切（也称"3D 清根加工"）是对先前的粗切操作或大直径刀具所留下来的残料进行清除加工，一次生成一层刀轨。

图 6-45 为在零件的凹槽角落进行残料清角精切所生成的清根刀路。

 技术要点　残料清角精切通常是对角落处由于刀具过大无法加工到位的部位采用小直径刀具进行清残料加工，残料清角精切通常需要设置先前的参考刀具直径，然后通过计算此直径留下来的残料产生刀轨。

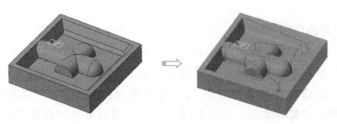

图 6-45　残料清角加工刀路

5. 等距环绕精切

等距环绕精切可在零件上的多个曲面之间进行环绕式精铣切削，且刀路呈等距排列，能产生首尾一致的表面光洁度，抬刀次数少，因而可以取得非常好的加工效果。

> **技术要点**　等距环绕精切在曲面上产生等间距排列的刀轨，通常作为最后刀轨对模型进行最后的精切。等距环绕精切加工的精度非常高，只是刀轨非常大，计算时间长。

图 6-46 为在零件表面进行等距环绕精切生成精加工刀路。

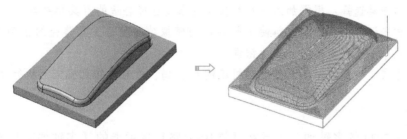

图 6-46　等距环绕精切加工刀路

6. 熔接精切

熔接精切是在两条曲线（其中一条曲线可以用点替代）之间产生刀路，并将产生的刀路投影到曲面上形成熔接精切，是投影精切的特殊形式。

图 6-47 为在零件表面进行熔接精切加工生成加工刀路。

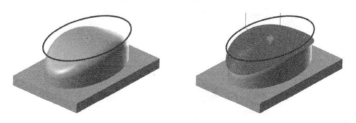

图 6-47　熔接精切加工刀路

6.3　AI 辅助 Mastercam 多轴铣削加工

AI（这里主要指 ChatGPT）在用户使用 Mastercam 进行多轴铣削加工的过程中能提供多

方面帮助。

以下是一些主要的应用方式。

- 编程指导：ChatGPT 可以提供关于如何使用 Mastercam 软件的基本指导，包括如何设置工件、选择和配置工具路径以及调整加工参数等。
- 问题解答：在遇到软件使用上的问题或错误时，ChatGPT 可以帮助解释错误信息，提供常见问题的解决方案，或者指导用户如何找到更详细的帮助资源。
- 优化工艺：ChatGPT 可以提供关于如何优化切削参数（如切削速度、进给速率、刀具选择等）的建议，以提高加工效率和零件质量。

Mastercam 的多轴铣削功能适用于航空、汽车和模具制造等行业，可以有效处理复杂的三维曲面。在 Mastercam 中，多轴铣削通常涉及以下几个关键步骤。

- 模型准备：导入或创建需要加工的 3D 模型。
- 选择加工策略：根据加工需求选择适当的多轴铣削策略，如曲线铣削、端面铣削或侧面铣削等。
- 定义工具路径：设置具体的工具路径参数，如选择导引曲线、设定刀具方向、调整进给速率和旋转速度等。
- 工具和夹具选择：根据加工材料和模型复杂度选择合适的刀具和夹具。
- 模拟和验证：在实际加工前使用软件内的模拟功能验证工具路径的正确性，确保加工过程中不会发生碰撞或其他错误。
- 代码生成：生成适用于具体数控机床的 G 代码，然后传输到机床上执行加工。

6.3.1　Mastercam 2024 的常规多轴加工工具

Mastercam 2024 的多轴加工工具在【铣床-刀路】选项卡的【多轴加工】面板中，如图 6-48 所示。

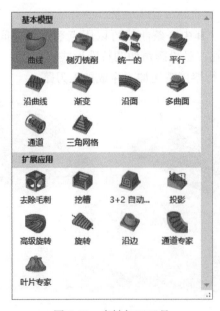

图 6-48　多轴加工工具

1. 曲线多轴加工

曲线多轴加工主要用于加工 3D 曲线或曲面边缘，可以加工各种图案、文字和曲线等，如图 6-49 所示。

曲线多轴加工主要是对曲面上的 3D 曲线进行变轴加工，刀具中心沿曲线走刀，因此曲线多轴加工的补正类型需要关闭。刀具轴向控制一般垂直于所加工的曲面。

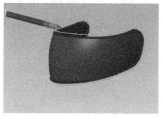

图 6-49 加工曲线或曲面边缘

实战案例——曲线多轴加工

接下来对图 6-50 的零件中的圆角曲面进行曲线多轴加工，生成的刀路 6-51 所示。

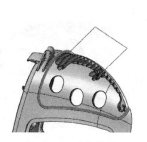
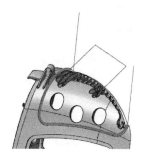

图 6-50 零件模型　　　　图 6-51 生成的刀路

01 打开本例源文件"6-3.mcam"。

02 在【多轴加工】面板中单击【曲线】按钮，弹出【多轴刀路-曲线】对话框。

03 在【刀具】选项设置面板中新建一把 D4 球刀，如图 6-52 所示。

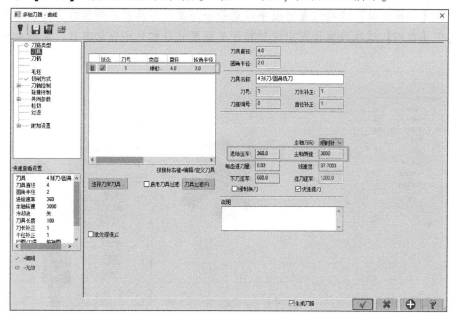

图 6-52 新建刀具

04 在【切削方式】选项设置面板中单击【选择】按钮 ，选择模型中已有的参考曲线，然后在【切削方式】选项设置面板中设置其他切削参数，如图 6-53 所示。

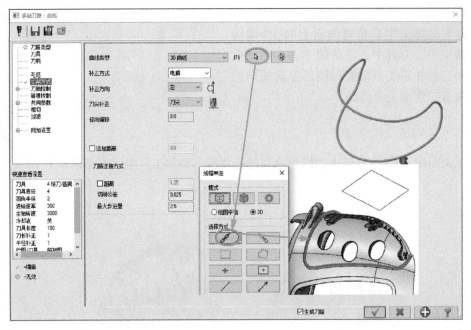

图 6-53　设置切削方式

05 在【刀轴控制】选项设置面板中单击【选择】按钮 ，然后选取矩形的两条边来确定一个控制平面，【刀轴控制】选项设置面板中的其他参数保留默认设置，如图 6-54 所示。

06 在【共同参数】选项设置面板中设置安全高度及刀具直径等参数，如图 6-55 所示。

07 在【粗切】选项设置面板中设置粗加工深度分层和外形分层参数，如图 6-56 所示。

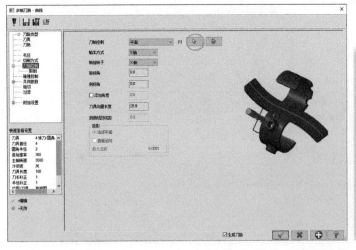
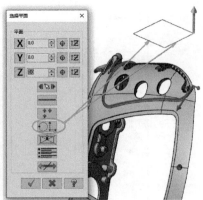

图 6-54　设置刀轴控制参数

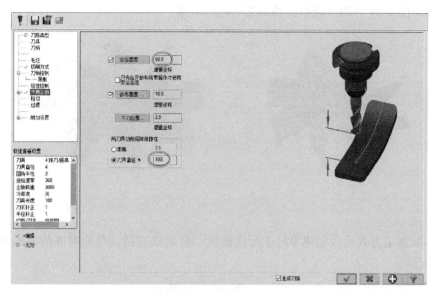

图 6-55　设置共同参数

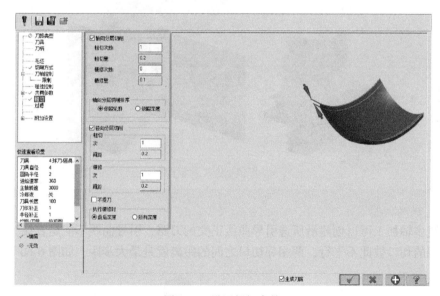

图 6-56　设置粗切参数

08　单击【确定】按钮 ✓ ，生成曲线多轴刀路，如
图 6-57 所示。

2. 侧刃铣削多轴加工

　　侧刃铣削多轴加工是利用刀具的侧刃部分来铣削零件
侧壁的一种加工方式。加工时，刀具侧刃始终与零件侧壁
表面贴合，并根据侧壁形状来计算刀具最佳接触角度，以
及检测与选定表面的碰撞情况。侧刃铣削多轴加工可采用 3
轴、4 轴或 5 轴数控系统进行加工，或用作 3 轴的轮廓铣削

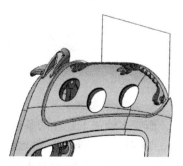

图 6-57　生成曲线多轴刀路

刀路的创建。图 6-58 为侧刃铣削多轴加工的适用对象。

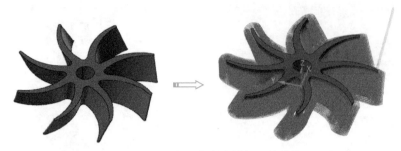

图 6-58　适用侧刃铣削多轴加工的零件

3. 平行多轴加工

平行多轴加工方式可以创建平行于所选曲线、曲面或与指定角度对齐的多轴加工刀路，如图 6-59 所示。

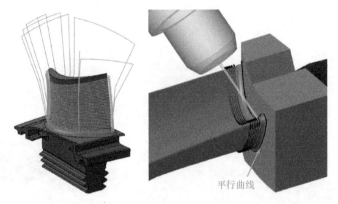

平行曲线

图 6-59　平行多轴加工的零件和刀路

4. 沿曲线多轴加工

沿曲线多轴加工可以创建沿所选引导曲线正交的刀路，引导曲线不能是直线，加工完成后刀路两端的切口彼此不平行，两相邻切口之间的距离就是最大步距，如图 6-60 所示。

图 6-60　沿曲线多轴加工的范例

5. 渐变多轴加工

渐变多轴加工是在两条引导曲线之间创建渐变扩展的刀路，如图 6-61 所示。

“平行”“沿曲线”和“渐变”三种多轴铣削加工方法看起来十分相似，但其实每一种加工方法都会以不同的方式进行加工，区别如下所示。

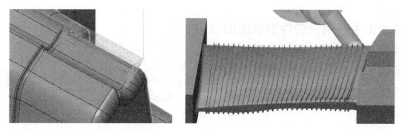

图 6-61　创建渐变扩展的刀路

- 平行：从一个形状或平面偏移切削刀路。
- 沿曲线：创建垂直于驱动曲线的切削刀路。
- 渐变：将切削刀路从一种形状渐变混合到另一种形状。

6. 沿面多轴加工

沿面多轴加工是沿着选定几何体的 UV 线来创建流线型刀路，如图 6-62 所示。沿面多轴加工即流线多轴加工，是 Mastercam 最先开发的比较优秀的多轴加工刀路，比其他的 CAM 都要早。沿面多轴加工与三轴的流线加工操作基本类似，但是由于切削方向可以调整，刀具的轴向可以控制，切削的前角和后角都可以改变，所以沿面多轴加工的适应性大大提高，加工质量也非常好，是实际应用较多的多轴加工方法。

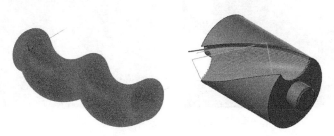

图 6-62　沿面多轴加工刀路

沿面多轴加工的参数与三轴曲面流线加工的类似，对于曲面流线比较规律的单曲面多轴加工效果比较好。

7. 多曲面多轴加工

多曲面多轴加工主要是对空间的多个曲面相互连接在一起的曲面组进行加工。传统的多轴加工只能生成单个曲面刀路，因此，对于多曲面而言，生成的曲面片间的刀路不连续，加工效果就非常差。多曲面多轴加工采用流线加工的方式解决了这个问题，在多曲面片之间生成连续的流线刀路，大大提高了多曲面片的加工精度。

多曲面多轴加工是根据多个曲面的流线产生沿曲面的五轴刀轨，多曲面多轴加工实现的前提条件是多个曲面的流线方向类型不能相互交叉，否则无法生成五轴刀轨。

图 6-63 为在零件表面进行多曲面多轴加工生成的刀路。

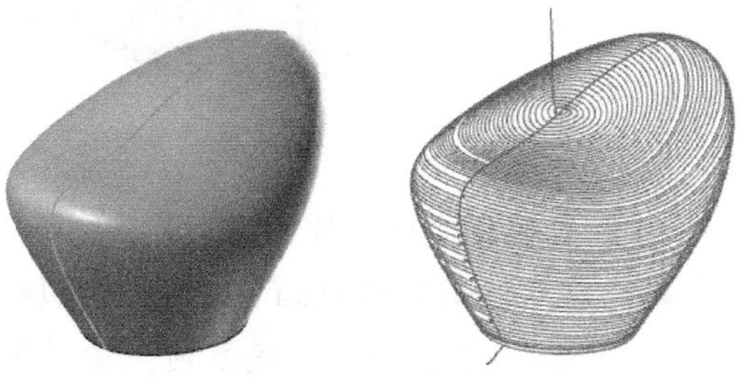

图 6-63　多曲面多轴加工刀路

8. 通道多轴加工

通道多轴加工主要用于管件形状曲面的加工，支持创建粗切和精切。通道多轴加工也是根据曲面的流线，产生沿 U 向流线或 V 向流线的多轴加工刀路，尤其适用于加工管道内腔等，如图 6-64 所示。

图 6-64　加工管道内腔

6.3.2　AI 辅助涡轮叶片多轴加工

使用叶片专家加工类型可对外形极其复杂的零件，如叶轮或风扇的叶片等进行 5 轴加工，如图 6-65 所示。

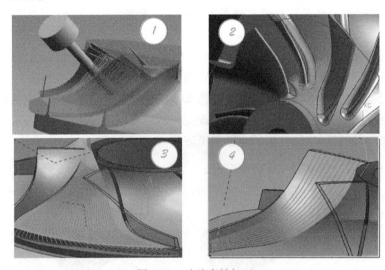

图 6-65　叶片多轴加工

实战案例——AI 辅助叶片多轴加工

接下来对图 6-66 的叶轮零件的叶片进行多轴加工，生成的刀路如图 6-67 所示。

图 6-66　加工零件　　　　图 6-67　生成的刀路

（1）AI 辅助生成叶片加工工艺方案

01　在 ChatGPT 的 Data Analyst 模型聊天模式中单击【导入】按钮⓪，导入本例源文件 "6-4. stl"，并输入提示词 "请用图谱仔细分析导入的模型，给出较为合理的数控加工工艺方案"，然后单击【发送信息】按钮⬆发送信息，如图 6-68 所示。

图 6-68 导入模型文件并输入提示词

02 ChatGPT 给出数据分析结果，如图 6-69 所示。

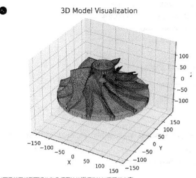

图 6-69 ChatGPT 给出的答案

03 向 ChatGPT 提问"如果选用'叶片专家'选项方式来铣削零件，请提供详细的加工工艺，包括刀具选择和切削参数等"，ChatGPT 的回答如图 6-70 所示。

04 ChatGPT 给出的工艺方案非常详细，接下来在 Mastercam 中操作时可参照这个工艺方案进行切削参数设定，也可根据实际经验进行切削参数设定。

（2）叶片多轴加工过程

01 打开本例源文件"6-4.mcam"。

02 在【多轴加工】面板中单击【叶片专家】按钮，弹出【多轴刀路-叶片专家】对话框。

03 在【刀具】选项设置面板中新建 D10 的球刀。

04 在【自定义组件】选项设置面板的【叶片分流圆角】选项右侧单击【选择】按钮，然后选取叶轮零件中的所有叶片曲面和叶片底部的圆角曲面。接着单击【轮毂】选项右侧的【选择】按钮，再选取叶轮中的轮毂曲面，并在【自定义组

207

件】选项设置面板中设置其他参数，如图 6-71 所示。

基于您提供的模型的几何属性，以下是详细的数控铣削加工工艺方案，利用Mastercam中的叶片专家"（Blade Expert）功能：

加工工艺方案

1. 导入模型：
将STL模型导入Mastercam。

2. 设置毛坯：
定义毛坯尺寸为略大于实际模型尺寸：

- 毛坯尺寸：300 mm x 300 mm x 140.37 mm

3. 选择Blade Expert：
在Mastercam中选择Blade Expert工具模块，用于生成适合叶片或复杂几何形状的刀路。

4. 选择刀具和切削参数：
根据模型的几何特性选择合适的刀具和切削参数。

粗加工：

- 刀具类型：大直径立铣刀
- 直径：16 mm
- 刀具材料：硬质合金
- 进给速度（Feed Rate）：2000 mm/min
- 主轴转速（Spindle Speed）：8000 RPM
- 切削深度（Depth of Cut）：5 mm
- 切削步距（Step Over）：40%刀具直径

半精加工：

- 刀具类型：中等直径立铣刀
- 直径：10 mm
- 刀具材料：硬质合金

- 进给速度（Feed Rate）：1500 mm/min
- 主轴转速（Spindle Speed）：10000 RPM
- 切削深度（Depth of Cut）：3 mm
- 切削步距（Step Over）：30%刀具直径

精加工：

- 刀具类型：小直径立铣刀
- 直径：6 mm
- 刀具材料：硬质合金
- 进给速度（Feed Rate）：1000 mm/min
- 主轴转速（Spindle Speed）：12000 RPM
- 切削深度（Depth of Cut）：1 mm
- 切削步距（Step Over）：20%刀具直径

5. 生成刀路：
使用Blade Expert生成刀路：

- 粗加工：采用Adaptive Clearing策略进行大量材料去除。
- 半精加工：使用Rest Milling策略清除粗加工后的残余材料。
- 精加工：采用Surface Finish Scallop或Contour策略，确保表面光洁度和尺寸精度。

6. 仿真和验证：
在Mastercam中进行刀路径仿真，确保无碰撞和过切，并验证加工结果的可行性和安全性。

7. 生成G代码：
仿真验证后，生成用于数控机床的G代码。

8. 实际加工：
将G代码导入数控机床，进行实际的零件加工。

9. 后处理和检验：
去除毛刺，清洁零件表面，进行表面处理（如阳极氧化或喷漆），并进行最终检验，确保所有特征和尺寸符合设计要求。

图 6-70　ChatGPT 给出的详细加工工艺

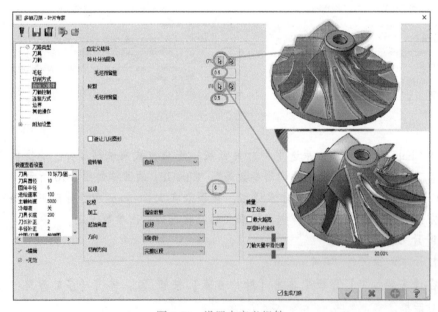

图 6-71　设置自定义组件

05　在【边界】选项设置面板中设置边界参数，如图 6-72 所示。

06　其余选项保持默认设置，在【多轴刀路-叶片专家】对话框中单击【确定】按钮，生成叶片多轴加工刀路，如图 6-73 所示。

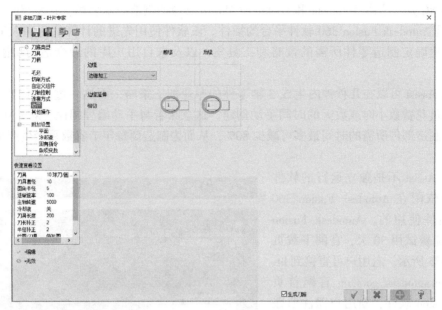

图 6-72 设置边界参数

07 在【机床】选项卡中单击【实体仿真】按钮 ，对刀路进行仿真模拟，模拟结果如图 6-74 所示。

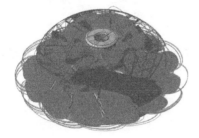

图 6-73 生成叶片多轴加工刀路　　　　图 6-74 实体模拟结果

6.4 AI 全面自动化多轴铣削加工

AI 在曲面铣削和多轴铣削加工中扮演着越来越重要的角色，包括 AI 在曲面铣削及多轴铣削加工代码生成及仿真中的应用，并基于仿真优化刀具路径和加工参数。

6.4.1 AI 辅助 CAM 编程工具——CAM Assist

下面介绍一款非常强大的 AI 辅助 CAM 加工的工具——CAM Assist。

> **提示**
>
> 在前一章中介绍的 Temujin CAM 工具也能自动生成曲面铣削和多轴加工刀路。大家可以自行使用 Temujin CAM 工具进行相关操作，本章不再介绍相关内容。

CloudNC 是一家由 Autodesk 和 Lockheed Martin 支持的制造技术公司，其发布的 CAM Assist 软件是 Autodesk Fusion 360 软件平台的插件。该软件使用先进的计算优化和人工智能推理技术快速确定制造零件所需的策略和工具集，以及来自用户库的最合适的切削速度和进给。

CAM Assist 可以在几秒钟内生成 3 轴零件的专业加工策略，而这一过程可能需要 CNC 机床程序员花费数小时或数天的时间手动创建。这意味着与手动编程相比，对 CNC 机床进行编程以制造部件所需的时间最多可减少 80%，从而为制造商每年节省数百个生产小时。

1. 下载及安装 Autodesk Fusion 360 软件

CAM Assist 不是独立运行的软件工具，是依附在 Autodesk Fusion 360 中作为插件使用的。Autodesk Fusion 360 可以免费试用 30 天，官网下载页面如图 6-75 所示。老用户可直接到 https://www.autodesk.com.cn 官网首页中寻找 Fusion 软件，新用户需注册账号才能下载并试用。

图 6-75　Autodesk Fusion 360 官网下载页面

下载 Autodesk Fusion 360 后，可直接安装程序。初次打开 Fusion 360 软件，需要登录在官网注册的账号。

2. 下载及安装 CAM Assist

CAM Assist 可到欧特克官网的插件商店中下载，如图 6-76 所示。对于新用户，CAM Assist 提供免费试用 14 天的服务。

图 6-76　在插件商店中搜索 CAM Assist

安装 CAM Assist 插件程序之后，启动 Fusion 360 软件，用户可以在工作界面中注册

CAM Assist 账户，如图 6-77 所示。

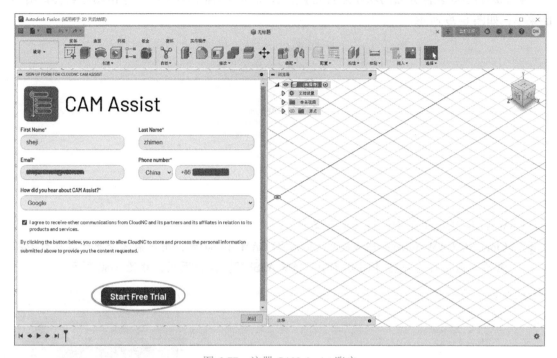

图 6-77　注册 CAM Assist 账户

注册成功后，会显示激活成功的提示，如图 6-78 所示。

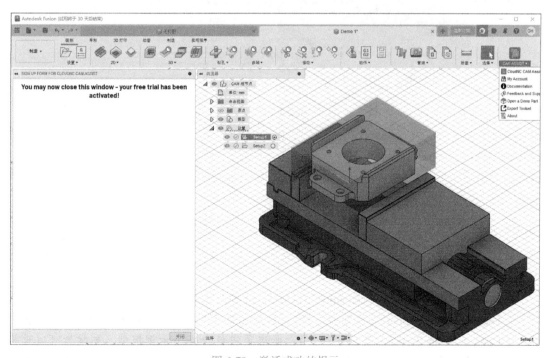

图 6-78　激活成功的提示

211

3. CAM Assist 插件的功能菜单介绍

在 Fusion 360 软件界面的功能区右侧会显示 **CAM Assist** 插件图标，单击图标名会弹出功能菜单，如图 6-79 所示。

图 6-79　CAM Assist 的功能菜单

CAM Assist 功能菜单中的各选项含义如下。

- **CloudNC CAM Assist**：初次使用 CloudNC CAM Assist 时，用户需选择此选项进行授权激活。激活后会弹出【**CLOUDNC CAM ASSIST**】操作面板，如图 6-80 所示。

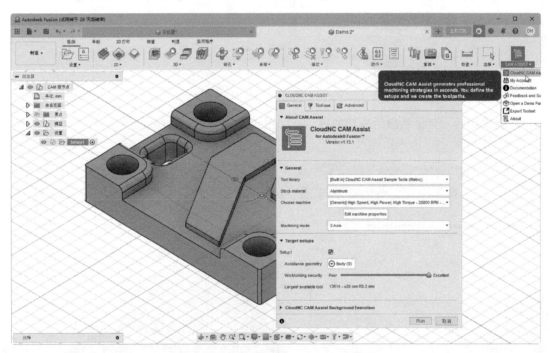

图 6-80　【CLOUDNC CAM ASSIST】操作面板

- **My Account**（我的账户）：选择此选项可显示用户账户的表单，其中包含许可证/订阅详细信息的摘要。
- **Documentation**（凭证）：CloudNC CAM Assist 帮助文档。
- **Feedback and Support**（反馈和支持）：选择此选项，将打开 CloudNC 产品支持页面。
- **Open a Demo Part**（打开演示部件）：此选项中包含 4 个示例模型，初学者可以选择其中之一进行演示操作。其中 Demo1、Demo2 和 Demo3 适合 3D（2.5 轴/3 轴）曲面铣削，Demo4 适合多轴铣削。

- Export Toolset（出口工具集）：当完成了铣削加工后，可将示例中的自定义刀具集合导出到本地文件夹中，以供后期调用，并且无需再重复定义刀具。可导出英制刀具或公制刀具。
- About（关于）：可查看 CloudNC CAM Assist 的版本号、条款和条件等相关信息。

4.【CLOUDNC CAM ASSIST】操作面板

【CLOUDNC CAM ASSIST】操作面板是 CloudNC CAM Assist 重要的功能操作面板，其 AI 自动化生成 G 代码将在此进行详细操作。【CLOUDNC CAM ASSIST】操作面板有 3 个选项卡，具体介绍如下。

（1）【General（常规）】选项卡

在【General（常规）】选项卡中，允许用户指定在 CAM 辅助策略计算时要使用的 Fusion "工具库" 和 "库存材料"。该选项卡中各选项含义介绍如下。

- 【About CAM Assist（关于 CAM Assist）】选项组：显示版本号。
- 【General（常规）】选项组：在该选项组，用户能够指定加工环境。
  - ❏ Tool library（刀具库）：在 CAM Assist 中使用的 Fusion 刀具库，包括英制刀具和公制刀具。
  - ❏ Stock material（库材料）：选择材料后，CAM Assist 将根据所选材料选择刀具、加工策略和切削数据预设等。
  - ❏ Choose machine（机床选择）：下拉列表中包含多种 Generic（通用）类型的机床。
  - ❏ Edit machine properties（编辑机器属性）：单击此按钮，下方将展开 5 个机器属性设置，如图 6-81 所示。

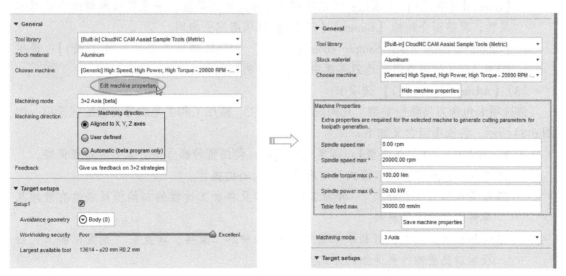

图 6-81　编辑机器属性的选项设置

  - ❏ Machining mode（加工模式）：CAM Assist 支持【3Axis】和【3+2Axis】加工模式。
  - ❏ Machining direction（加工方向）：当加工模式为【3+2Axis［beta］】时，下方将增加显示【Machining direction】选项，如图 6-82 所示。其中有 3 个单选选项：【Aligned

to X, Y, Z axes（对齐 XYZ 轴）】选项、【User defined（用户自定义）】选项和
【Automatic（beta program only）（自动-仅限测试版程序）】选项。

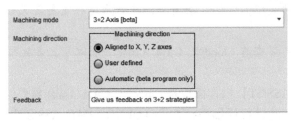

图 6-82 【Machining direction】选项

- 【Target setups（目标设置）】选项组：启用【Setup1】选项，设置刀具路径策略。
  □ Avoidance geometry（回避几何形状）：遮挡不希望在此设置中加工的毛坯部分。
  □ Workholding security（工件夹具安全性）：CAM Assist 将选择适合指定工件夹具的粗加工刀具。将滑块设置到两个极端之间或两个极端处所需的位置，Poor 为不安全，Excellent 为最安全。
  □ Largest available tool（最大可用刀具）：根据工件夹具安全性的设置，CAM Assist 会自动给出合适的刀具尺寸。
- 【CloudNC CAM Assist Background Execution（后台执行）】选项组：这个功能允许用户在 CAM 辅助程序后台计算刀具路径策略时执行与 Fusion 相关的任务。

（2）【Tool use（刀具使用）】选项卡
提供所选工具集中工具可用的材料和用法（操作）的概览摘要，如图 6-83 所示。

- 【General（常规）】选项组：该选项组允许指定加工环境，并且可以编辑所选机器的属性，跟前面介绍的【General（常规）】选项组完全相同。
- 【CloudNC CAM Assist Sample Tools（Metric）（CAM 辅助的刀具示例-公制）】：提供 CAM Assist 如何使用所选刀具库中每个工具的概览信息。

（3）【Advanced（高级）】选项卡
该选项卡包含刀具路径类型、几何形状、粗加工、精加工和去毛刺等高级配置选项，如图 6-84 所示。各选项组含义如下。

- Toolpath types（刀路类型）：指定 CAM Assist 使用哪种操作来计算刀具路径策略。
  □ 面铣削：从零件的表面或平坦表面去除材料的操作。
  □ 批量粗加工（开粗）：一种加工策略，涉及在加工过程的初始阶段快速有效地从零件上去除大量材料。
  □ 详细粗加工（二次开粗或半精加工）：一种加工策略，涉及在"批量粗加工"阶段后以更受控和更详细的方式去除材料。
  □ 精加工：对材料进行最终切割以获得加工零件所需的表面光洁度、尺寸精度和整体质量的操作。
  □ 孔加工：使用各种加工操作（例如钻孔、镗孔和攻丝）在零件上创建特定尺寸、深度和公差的孔的过程。
  □ 点钻：在零件上的精确点处创建小而浅的孔或凹陷的过程。钻更深的孔时，初始

压痕有助于准确定位和引导钻头。

❑ 去毛刺：用于去除机加工零件上的毛刺、锐边等不规则之处的操作。去毛刺对于提高零件的安全性、功能性和美观性至关重要。

- Geometry（几何体）：重新定义几何体，允许用户指定在 CAM 辅助程序中包含或排除刀具路径策略的原始模型的各个方面。
- Roughing（粗加工）：为粗加工刀具路径的"待加工余料"方面提供精细控制。
- Finishing（精加工）：为精加工刀具路径的特定方面提供精细的控制。
- Deburring（去毛刺）：指示 CAM Assist 加工策略中使用的去毛刺类型。

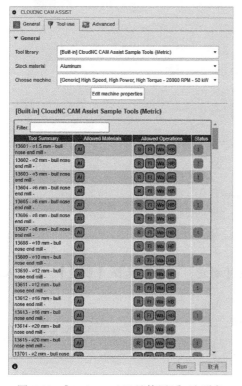

图 6-83 【Tool use（刀具使用）】选项卡

图 6-84 【Advanced（高级）】选项卡

6.4.2 AI 自动化曲面铣削加工案例

这里将选用 CloudNC CAM Assist 的示例模型进行 AI 操作。要加工的模型如图 6-85 所示。

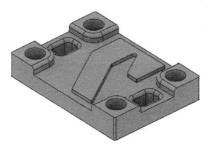

图 6-85 待加工模型

215

实战案例——AI 自动生成 3D 铣削加工代码

下面介绍 AI 自动生成 3D 铣削加工代码的操作步骤。

01 启动 Autodesk Fusion 360，其工作界面如图 6-86 所示。

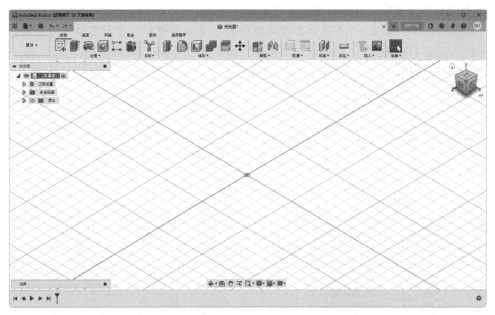

图 6-86 Autodesk Fusion 360 的工作界面

02 如果首次使用 Autodesk Fusion 360，需在【制造】列表中选择【制造】，以进入数控加工环境，如图 6-87 所示。

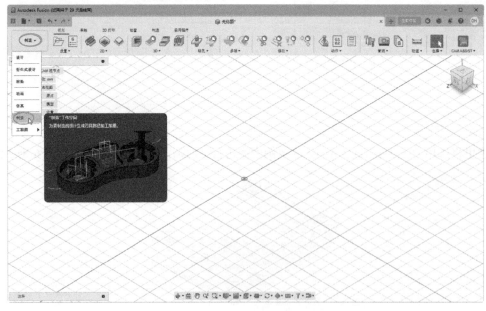

图 6-87 进入数控加工环境

03 在功能区【铣削】选项卡中单击【CAM ASSIST】图标名称，接着执行功能菜单中的【Open a Demo Part】|【Demo2】命令，打开示例模型，如图 6-88 所示。

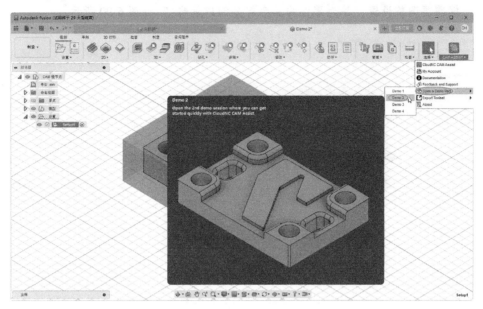

图 6-88　打开示例模型

04 在功能区【铣削】选项卡中单击【CAM ASSIST】图标，或者单击图标名，在弹出的功能菜单中选择【CloudNC CAM Assist】命令，弹出【CLOUDNC CAM ASSIST】操作面板。

05 保留操作面板中的所有选项及参数设置，直接单击【Run（运行）】按钮，随后CloudNC CAM Assist 会自动识别模型并生成所有的铣削加工操作，如图 6-89 所示。

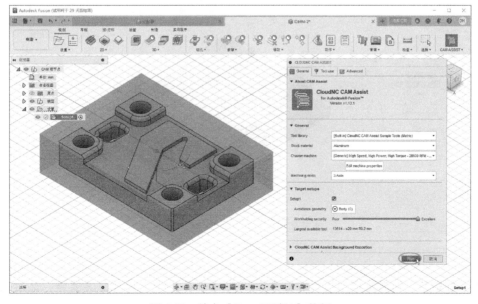

图 6-89　单击【Run（运行）】按钮

06 铣削加工操作 AI 自动生成结束后会弹出一个信息提示，翻译后的意思是 "CloudNC CAM Assist 生成 18 个操作，加工 93 个表面中的 92 个。模拟刀具路径根据需要调整设置，并为零件的其余部分创建策略。" 如图 6-90 所示。

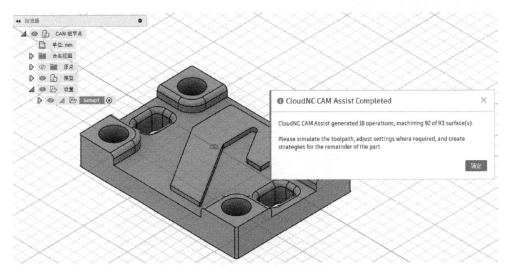

图 6-90 弹出信息提示

07 在图形区左侧的 CAM 节点树中可以找到创建的铣削加工操作，如图 6-91 所示。

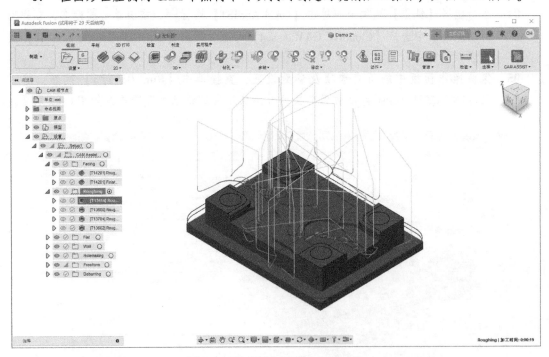

图 6-91 节点树中的铣削加工操作

08 右击某个铣削操作，执行右键菜单中的【仿真】命令进行仿真操作，然后验证加工是否符合要求，如图 6-92 所示。

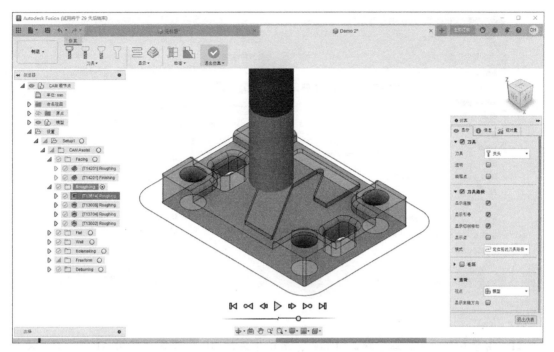

图 6-92　加工仿真

09 在 Fusion 360【铣削】选项卡的【动作】面板中单击【后处理】按钮 ⊞，在弹出的【后处理库】对话框中设置后处理器，如图 6-93 所示。

图 6-93　设置后处理器

10 设置 NC 代码输出的文件夹后，单击【后处理】按钮，完成 NC 代码的输出，如图 6-94 所示。

图 6-94　后处理输出设置

11　由于在演示中选择了默认的机床，所以生成的 NC 代码需要使用 AI 聊天工具参照用户自己的机床进行代码转换。

6.4.3　AI 自动化多轴铣削加工案例

本例将采用涡轮叶片模型进行 AI 自动加工。涡轮模型如图 6-95 所示。

图 6-95　涡轮模型

实战案例——AI 自动生成多轴铣削加工代码

接下来介绍 AI 自动生成多轴铣削加工代码的操作步骤。

01　启动 Autodesk Fusion 360。

02　在【制造】列表中选择【制造】选项，进入数控加工环境。在顶部菜单栏执行【文件】|【打开】命令，将本例源文件夹中的 "wolun. stp" 文件打开，如图 6-96 所示。

03　打开模型后，切换设计环境为制造环境，然后在【实用程序】选项卡中单击【自动生成加工中的毛坯】按钮 ，自动创建加工中的毛坯（仅用于仿真预览），如图 6-97 所示。

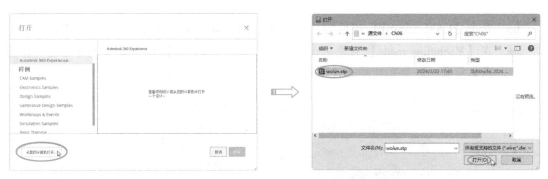

图 6-96 打开示例模型

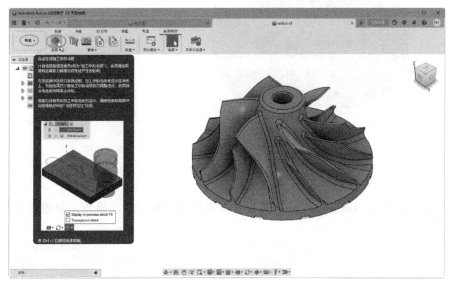

图 6-97 自动创建加工中的毛坯

04 切换到【铣削】选项卡中，单击【设置】面板中的【设置】按钮 ，弹出【设置：设置1】面板，在【毛坯】选项卡中设置毛坯尺寸，然后单击【确定】按钮完成实体毛坯的创建，如图 **6-98** 所示。

图 6-98 创建实体毛坯

05 单击【CAM ASSIST】图标，弹出【CLOUDNC CAM ASSIST】操作面板。

06 在【Machining mode】列表中选择【3+2 Axis［beta］】加工模式，其他选项保留默认设置，然后直接单击【Run（运行）】按钮，如图 6-99 所示。

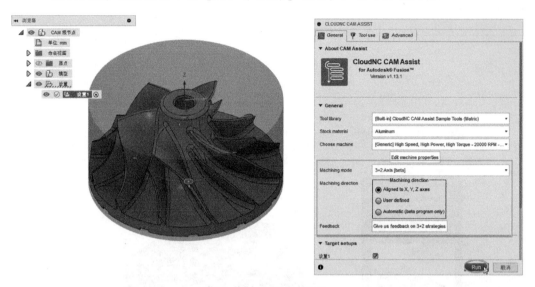

图 6-99　选择加工模式

07 CloudNC CAM Assist 自动识别模型并生成所有的铣削加工操作，如图 6-100 所示。

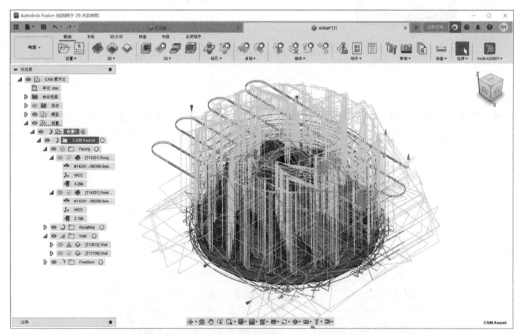

图 6-100　CloudNC CAM Assist 自动生成铣削操作

08 在生成的铣削加工操作中，Wall 操作是有问题的，会出现一个三角形警示图标，此问题需要解决，否则无法导出 G 代码，如图 6-101 所示。

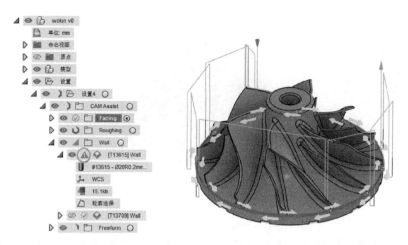

图 6-101 出现问题的铣削操作

09 双击三角形警示图标 ⚠️，从弹出的【Wall】对话框中查看问题所在，这里发现主要问题是部分轮廓没有被铣削，造成刀具与工件碰撞，如图 6-102 所示。

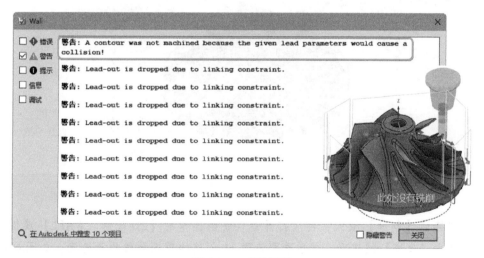

图 6-102 查看问题

> **技术要点** 重新打开【CLOUDNC CAM ASSIST】操作面板，选择【3+2 Axis［beta］】加工模式，再单击【Automatic（beta program only）（自动-仅限测试版程序）】单选按钮，可重新生成正确的铣削操作。但是要想使用【Automatic（beta program only）（自动-仅限测试版程序）】功能，需要向官网申请，否则不能使用。单击下方的 按钮进行注册申请。目前还没有开通测试，可通过邮件申请测试。

10 这里只能手动修改错误。在 Wall 铣削操作下，双击 ◻ 轮廓选择 按钮，弹出【2D 轮廓：WALL】属性面板。在【2D 轮廓：WALL】属性面板的【形状】选项卡中，删除所有的轮廓串连，如图 6-103 所示。

图 6-103　删除轮廓串连

11 切换到【设计】模式，单击【实体】选项卡中的【创建草图】按钮，绘制与零件轮廓相同直径（300mm）的圆形，如图 6-104 所示。

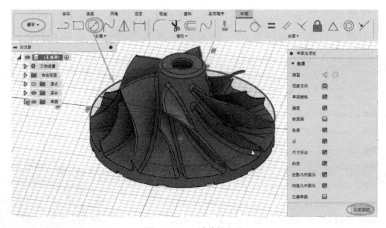

图 6-104　绘制圆形

12 切换回【制造】模式，再次打开错误铣削操作的【2D 轮廓：WALL】属性面板，单击【串连】按钮，然后选取步骤 11 创建的草图曲线作为轮廓，如图 6-105 所示。完成后关闭属性面板。

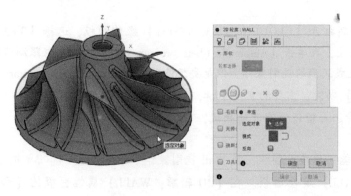

图 6-105　选取轮廓

13 重新生成错误的铣削操作，并创建刀路，如图 6-106 所示。

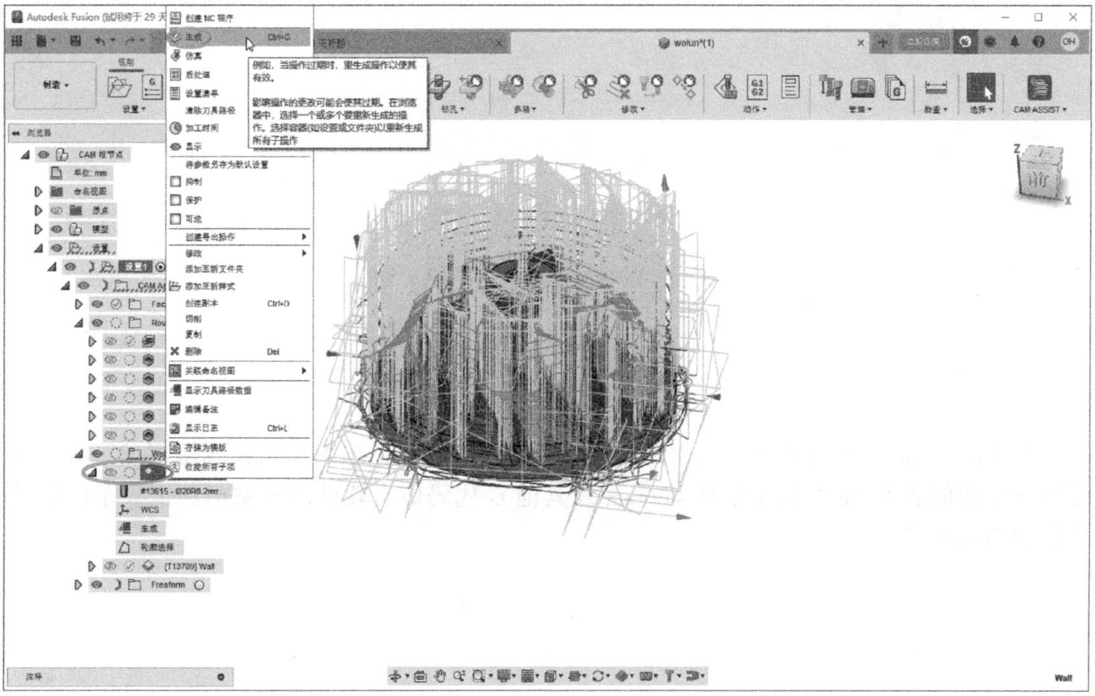

图 6-106　重新生成错误的铣削操作

14 右击某个铣削操作，执行右键菜单中的【仿真】命令，进行仿真操作，验证加工是否符合要求，如图 6-107 所示。

图 6-107　仿真并验证加工

15 单击【后处理】按钮，完成 NC 代码输出。

第 7 章

AI 辅助其他类型铣削加工

在 Mastercam 中还有其他铣削加工类型，包括钻削加工、车削加工和线切割加工等。本章将介绍如何运用 AI 技术结合 Mastercam 及其他 G 代码仿真软件进行钻削加工、车削加工和线切割加工等。

本章要点

- AI 辅助 Mastercam 钻削加工。
- AI 辅助 Mastercam 车削加工。
- AI 辅助 Mastercam 线切割加工。

7.1 AI 辅助 Mastercam 钻削加工

人工智能技术正在深度融入制造业的各个环节，为传统加工工艺注入全新的活力。在钻孔和线切割加工领域，使用 AI 智能工具可以自动生成最优的刀具运动轨迹，大幅提高加工效率和质量。

7.1.1 Mastercam 钻削加工案例

要进行钻孔刀路的编制，就必须定义钻孔所需要的点。这里所说的钻孔点并不仅仅指【点】，而是指能够用来定义钻孔刀路的图素，包括存在点、各种图素的端点、中点以及圆弧等，都可以作为钻孔的图素。

在【铣削刀路】选项卡【2D】面板的【孔加工】组中单击【钻孔】按钮，弹出图 7-1 的【刀路孔定义】面板。然后通过【选择】选项卡来定义要钻孔的点，有 4 种常见钻孔点的定义方式，介绍如下。

1. 按【选择的排序】方式

用户采用【选择的排序】方式可以选择存在点、输入的坐标点及捕捉图素的端点、中点、交点、中心点或圆的圆心点、象限点等来产生钻孔点，然后按照用户的习惯进行有意义的排序，如图 7-2 所示。

图 7-1 【刀路孔定义】面板

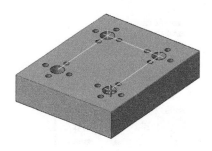

图 7-2 按【选择的排序】方式定义钻孔点

2. 按【2D 排序】方式

当零件中要加工的孔比较多且排列整齐时，可采用【2D 排序】方式来定义钻孔点。2D 排序方式的排列组合类型比较多，在【排序】组单击【排序】按钮 ，可展开【2D 排序】的排序类型，如图 7-3 所示。选择一种 2D 排序类型（如【X+ Y+】类型），可以在零件中随意选取孔，系统会自动进行 2D 排序，结果如图 7-4 所示。

图 7-3 【2D 排序】类型

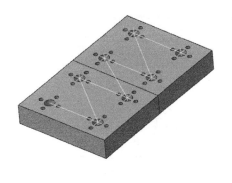

图 7-4 按【2D 排序】方式来定义钻孔点

3. 按【旋转排序】方式

当零件中的孔按照环形阵列规则进行布置时，定义钻孔点时可采用【旋转排序】方式。在【排序】组单击【排序】按钮 ，可展开【旋转排序】的排序类型，如图 7-5 所示。图 7-6 为按照【顺时针旋转+】的方式（第二种）进行钻孔点的排序。

图 7-5 【旋转排序】类型   图 7-6 按照【顺时针旋转+】方式定义钻孔点

4. 按【断面排序】方式

【断面排序】方式主要针对零件表面为异形曲面的情况，当然也适用于平面上的钻孔定义。【断面排序】类型如图 7-7 所示。图 7-8 为按【顺时针 Z+】类型进行钻孔点的排序。

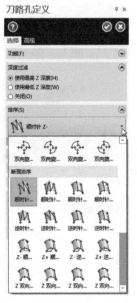

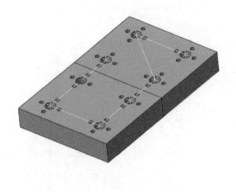

图 7-7 【断面排序】类型   图 7-8 按【顺时针 Z+】方式定义钻孔点

实战案例——AI 辅助 Mastercam 钻削加工

接下来对图 7-9 的模具模板进行钻削加工，加工刀路如图 7-10 所示。

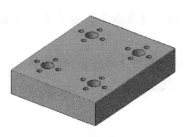

图 7-9　模具模板

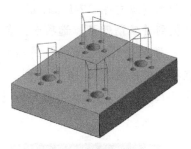

图 7-10　加工刀路

（1）AI 辅助工艺方案分析

01　在 ChatGPT 的 Data Analyst 模型聊天模式中单击【导入】按钮⓪，导入本例源文件 "7-1.stl" 和 "模板零件三视图"，并输入提示词 "请参考导入的模型和图片进行精细化分析，结合 mastercam 软件，给出合理的钻削加工方案"，然后单击【发送信息】按钮⬆发送信息，如图 7-11 所示。

图 7-11　导入模型文件并输入提示词

02　ChatGPT 给出数据分析结果，如图 7-12 所示。

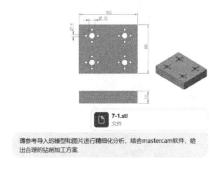

图 7-12　ChatGPT 给出的答案

03 ChatGPT 给出的工艺方案非常详细，接下来在 Mastercam 中操作时，可参照这个工艺方案进行切削参数设定，也可根据实际经验进行切削参数设定。

（2）Mastercam 钻削加工过程

01 打开本例源文件 "7-1. mcam"。

02 切换到【铣削刀路】选项卡，在【2D】面板的【孔加工】组中单击【钻孔】按钮，弹出【刀路孔定义】选项面板。

03 在模板中依次选取 16 个小圆孔（注意选取的顺序）的圆心作为钻孔位置点，如图 7-13 所示。完成选取后单击【确定】按钮。

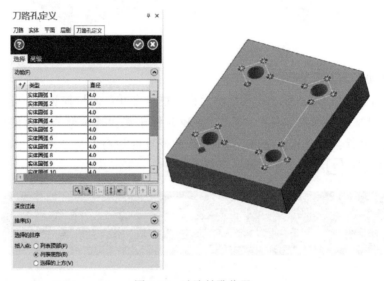

图 7-13　选取钻孔位置

04 弹出【2D 刀路-钻孔/全圆铣削 深孔钻-无啄孔】对话框，在【刀具】选项设置面板中定义新刀具 D4 钻头（直径为 4mm 的标准钻头）及相关参数，如图 7-14 所示。

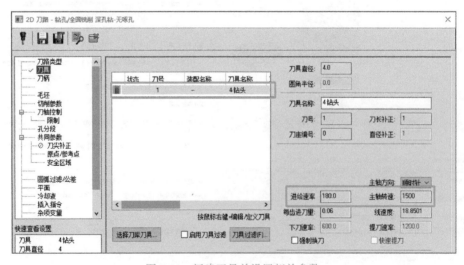

图 7-14　新建刀具并设置相关参数

05 在【切削参数】选项设置面板中设置切削参数，如图 7-15 所示。

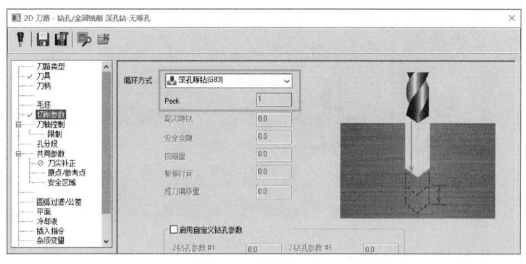

图 7-15　设置切削参数

06 在【共同参数】选项设置面板中设置二维刀路共同的参数，如图 7-16 所示。

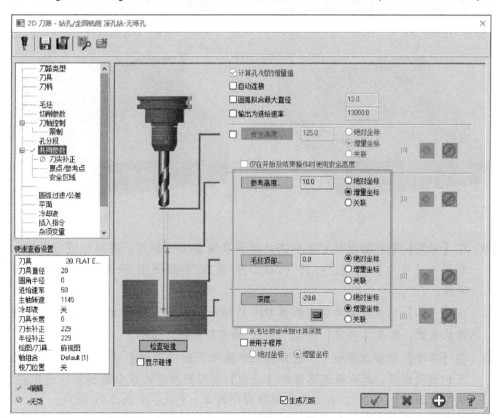

图 7-16　设置共同参数

07 在【刀尖补正】选项设置面板中设置刀尖补正的参数，如图 7-17 所示。

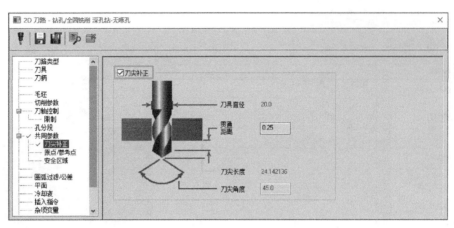

图 7-17 设置刀尖补正

08 其余选项保持默认设置，最后单击【确定】按钮 ✓，生成刀路，如图 7-18 所示。

09 单击【实体模拟】按钮进行实体仿真模拟，如图 7-19 所示。

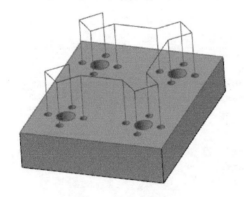

图 7-18 生成刀路

图 7-19 实体仿真

10 在【刀路】管理器面板中复制完成的深孔啄钻工序操作，并原位进行粘贴。粘贴后单击【参数】选项，打开【2D 刀路-钻孔/全圆铣削 深孔啄钻-完整回缩】对话框。

11 在【刀具】选项设置面板中新建 D10 的钻头，如图 7-20 所示。其余选项设置保留默认设置，单击【确定】按钮 ✓，确定并关闭对话框。

12 在【刀路】管理器面板中，选择新工序操作下的【图形】选项，打开【刀路孔定义】选项面板。然后将选项面板【功能】特征列表中的点全部删除（选中并右击，选择【删除】命令），并重新选取模板中的 4 个大孔，如图 7-21 所示。

13 关闭该选项面板后，在【刀路】管理器面板中的新工序操作下，选择【刀路】选项，弹出【警告：已选择无效的操作】对话框，单击【确定】按钮 ✓，重新生成刀路，如图 7-22 所示。

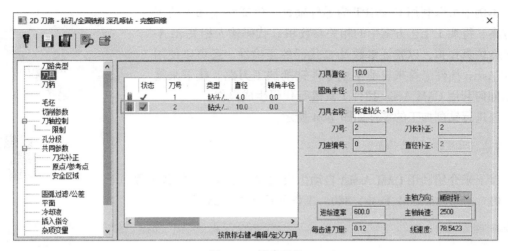

图 7-20 新建刀具

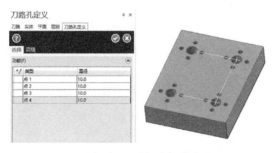

图 7-21 重新选择孔

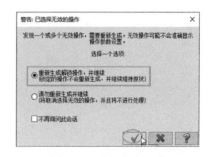

图 7-22 重新生成刀路

14 重新生成的啄钻刀路和刀路模拟结果如图 **7-23** 所示。

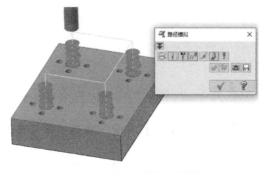

图 7-23 重新生成的刀路模拟

7.1.2 AI（CAM Assist）全自动钻削加工案例

在线切割加工中，AI 同样发挥着关键作用。激光切割等高能量工艺涉及复杂的物理过程，很难靠人工经验精确控制。但借助机器视觉和深度学习技术，AI 系统可以实时监测切割过程中的熔池形态、烟尘排放等关键参数，并据此自动调整功率、扫描速度等工艺参数，优化切割路径，大幅提升切割质量和资源利用率。

本例中可以利用 ChatGPT 为零件辅助，生成钻削加工的工艺方案，将加工工艺方案中的相关参数和 G 代码输入相关 AI 平台进行仿真模拟，以验证参数及 G 代码的正确性。还可以使用 CAM Assist 插件工具来自动生成零件铣削加工刀路。接下来将演示如何利用 CAM Assist 插件工具进行代码生成操作。

要进行钻削加工的零件如图 7-24 所示。

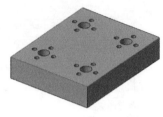

图 7-24　零件模型

实战案例——利用 CAM Assist 自动生成钻削加工代码

接下来介绍利用 CAM Assist 自动生成钻削加工代码的操作步骤。

01 启动 Autodesk Fusion 360，工作界面如图 7-25 所示。

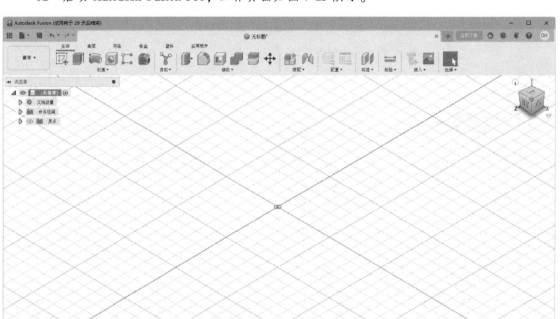

图 7-25　Autodesk Fusion 360 的工作界面

02 在顶部菜单栏执行【文件】|【打开】命令，将本例源文件夹中的"7-8. stp"文件打开，如图 7-26 所示。

03 在【工作空间】列表中选择【制造】，进入数控加工环境。

04 切换至【铣削】选项卡，在【设置】面板中单击【设置】按钮，弹出【设置：设置 1】属性面板。在属性面板的【毛坯】选项卡中设置毛坯，如图 7-27 所示。

05 在功能区【铣削】选项卡中单击【CAM ASSIST】图标，或者单击图标名，在弹出的功能菜单中选择【CloudNC CAM Assist】命令，弹出【CLOUDNC CAM ASSIST】操作面板。

06 保留操作面板中的所有选项及参数设置，直接单击【Run（运行）】按钮，随后 CloudNC CAM Assist 会自动识别模型并生成所有的铣削加工操作，如图 7-28 所示。

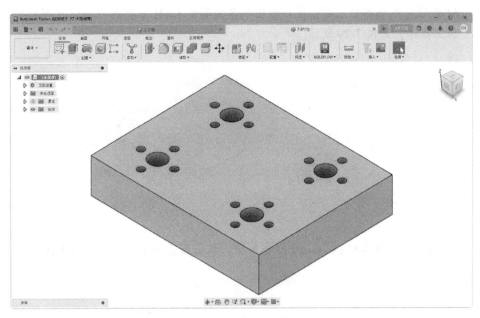

图 7-26　打开文件

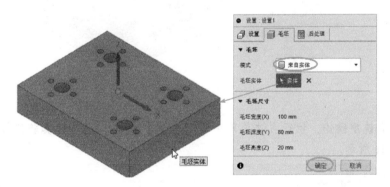

图 7-27　设置毛坯

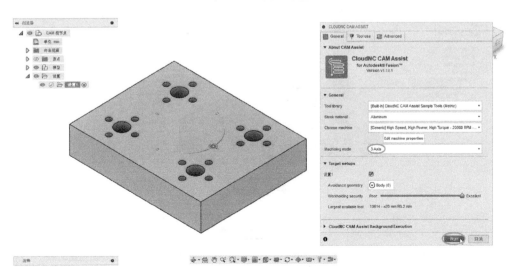

图 7-28　运行 CloudNC CAM Assist

07 AI 自动完成铣削加工后，用户在图形区左侧的 CAM 节点树中可以找到创建的铣削加工操作，如图 7-29 所示。

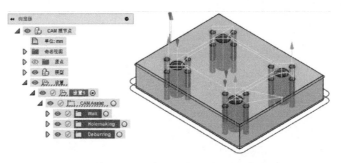

图 7-29　节点树中的铣削加工操作

08 将 Wall 铣削操作和 Deburring 操作删除，仅保留孔铣削操作，如图 7-30 所示。

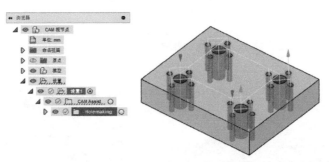

图 7-30　删除多余铣削操作

09 右击孔铣削操作，执行右键菜单中的【仿真】命令，进行仿真验证操作，结果如图 7-31 所示。

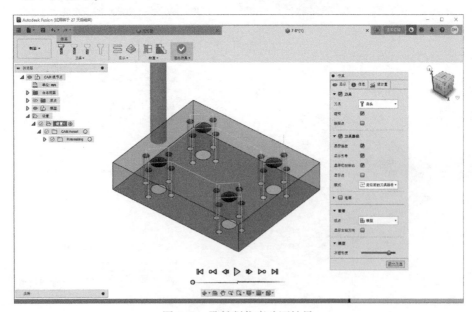

图 7-31　孔铣削仿真验证结果

10 切换至 Fusion 360 的【铣削】选项卡，在【动作】面板中单击【后处理】按钮 $\begin{smallmatrix}G1\\G2\end{smallmatrix}$，在弹出的【NC 程序：NCProgram1】对话框中设置后处理器，如图 7-32 所示。

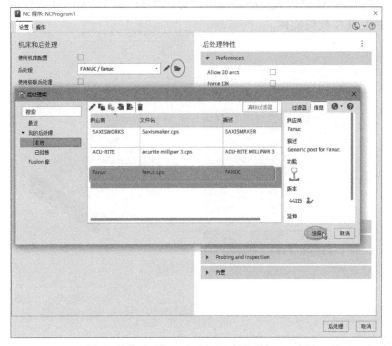

图 7-32　设置后处理器

11 设置 NC 代码输出的文件夹后，单击【后处理】按钮，完成 NC 代码的输出，如图 7-33 所示。

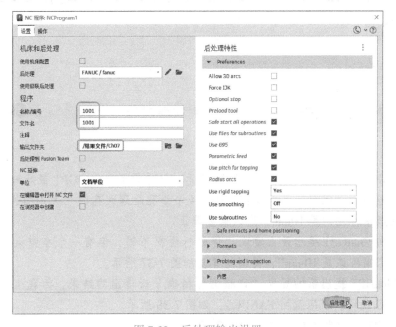

图 7-33　后处理输出设置

7.1.3　AI（ChatGPT）自动生成钻削加工 G 代码

在本例中，将利用 AI 语言大模型 ChatGPT 对图 7-34 的模具零件进行分析，给出合理的钻削加工方案并生成 G 代码文件。

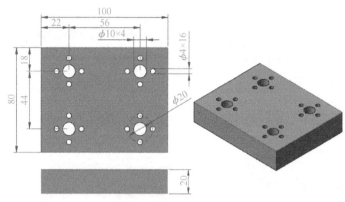

图 7-34　模具零件

实战案例——利用 ChatGPT 生成钻削加工的 G 代码

接下来介绍利用 ChatGPT 生成钻削加工的 G 代码的操作步骤。

01 在 ChatGPT 的 Data Analyst 模型聊天模式中单击【导入】按钮⓪，导入本例源文件"模板零件三视图"，并输入提示词"请分析导入的模型和图片，准确无误地读出模型尺寸及模型中孔的数量"，然后单击【发送信息】按钮⬆发送信息，如图 7-35 所示。

图 7-35　发送信息给 ChatGPT

02 ChatGPT 给出分析结果，如图 7-36 所示。从结果看，ChatGPT 很好地理解了导入的模型与图片，但有一个小错误，就是 4 个小孔距离大孔的"孔中心间距是 16mm"，但图纸中标注的是 10mm，所以需要改正。

03 再次向 ChatGPT 提出改正建议"你分析得很不错，但有一个小错误，就是孔间距中心距离应该是 10mm"，得到的答复如图 7-37 所示。

04 向 ChatGPT 提出新的要求"请根据你精确分析得出的结果，为我生成数控钻削加工的 G 代码，机床选用 FANUC"，如图 7-38 所示。

05 ChatGPT 自动生成 G 代码，如图 7-39 所示。

从所提供的图片中可以看出这是一个模板零件的三视图，包括正视图、侧视图和等轴测图。根据图纸上的标注，可以得到以下信息：

模型尺寸：

- 模板的长度：100 mm
- 模板的宽度：80 mm
- 模板的厚度：20 mm

孔的数量及尺寸：

- 大孔：
  - 孔径：10 mm
  - 数量：4个
  - 位置：左右各22 mm，上下各18 mm
- 小孔：
  - 孔径：4 mm
  - 数量：16个
  - 位置：在每个大孔的周围，每个大孔周围有4个小孔，孔间距中心距离是16 mm

总共有20个孔（4个直径10 mm的大孔和16个直径4 mm的小孔）。

这些尺寸和孔的数量在图中已经标注清楚，确保了尺寸读取的准确性。

图 7-36　ChatGPT 给出的答复

你分析得很不错，但有一个小错误，就是孔间距中心距离应该是10mm

谢谢指正。根据您的描述，孔间距的中心距离确实是10 mm。修正后的分析如下：

模型尺寸：

- 模板的长度：100 mm
- 模板的宽度：80 mm
- 模板的厚度：20 mm

孔的数量及尺寸：

- 大孔：
  - 孔径：10 mm
  - 数量：4个
  - 位置：左右各22 mm，上下各18 mm
- 小孔：
  - 孔径：4 mm
  - 数量：16个
  - 位置：在每个大孔的周围，每个大孔周围有4个小孔，孔间距中心距离是10 mm

总共有20个孔（4个直径10 mm的大孔和16个直径4 mm的小孔）。

感谢您的指正，确保了分析的准确性。

图 7-37　ChatGPT 最终给出的准确回答

请根据你精确分析得出的结果，为我生成数控钻削加工的G代码，机床选用FANUC

图 7-38　向 ChatGPT 提出新要求

06 启动 CIMCO Edit 2023 软件，在【编辑器】选项卡中单击【新建 N】按钮，新建 NC 代码编辑文件。

239

好的，根据分析结果，我们可以为FANUC数控机床生成相应的G代码。以下是一个简单的G代码示例，用于加工所描述的孔：

请注意，这只是一个基本的G代码示例，并且假设所有孔的深度都是20 mm。实际加工中可能需要调整进给速度（F值）、孔的深度（Z值）和其他参数以满足具体加工需求。如果有任何具体要求或调整，请告知，我可以进一步优化代码。

图 7-39　自动生成 G 代码

07 将 ChatGPT 中生成的 G 代码复制并粘贴到 CIMCO Edit 2023 窗口中，如图 7-40 所示。

图 7-40　粘贴 G 代码

08 由功能区【编辑器】选项卡切换到【仿真】选项卡，单击【刀位仿真】面板中的【刀位仿真】按钮 ，进入刀位仿真界面，系统会自动模拟加工并生成刀具路径，如图 7-41 所示。

09 在功能区【仿真】选项卡的【实体】面板中单击【Add Stock】按钮，添加毛坯以便于查看动态仿真结果，如图 7-42 所示。从仿真结果看，铣削过程中提刀的高度太大了，会造成加工时间浪费，另外，加工的孔直径全是相等的，没有区分出 4 个 10mm 大孔和 16 个 4mm 小孔。所以需要向 ChatGPT 提出修改。

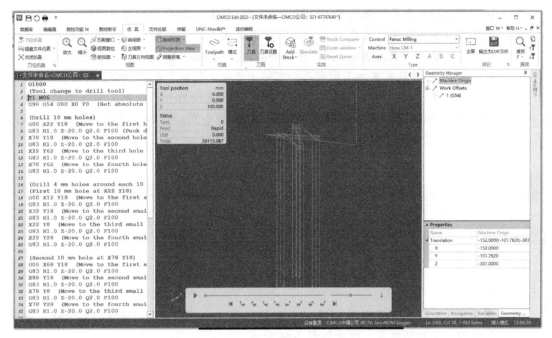

图 7-41　刀位仿真界面

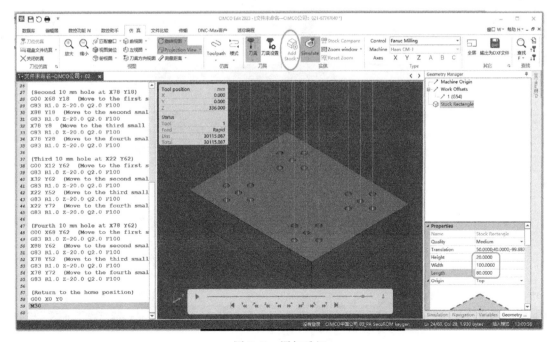

图 7-42　添加毛坯

> **技术要点** 　　因 ChatGPT 的回答有不可重复性，有些用户可能会一次性生成正确的 G 代码。跟着笔者练习，得到的结果绝对是不相同的，所以笔者也无法预知结果，只能对 ChatGPT 出现的错误进行逐一改正。

10 将出现的两个重要错误向 ChatGPT 提出"你所生成的 G 代码出现了两个比较严重的错误，第一个错误是每一刀的提刀距离太大，提刀距离（刀具提升后距离零件表面的高度）一般为 20mm，刀具安全高度为 25mm；第二个错误就是你只用了一把 4mm 直径的刀具来加工所有孔，实际上零件中包含了 4 个 10mm 的大孔和 16 个 4mm 的小孔，所以需要两把刀具分别铣削不同直径的孔。铣削孔的正确顺序为先加工 4 个 10mm 的大孔，然后再依次加工 16 个小孔，请给我准确无误的 G 代码，谢谢"，如图 7-43 所示。

你所生成的G代码出现了两个比较严重的错误，第一个错误是每一刀的提刀距离太大，提刀距离（刀具提升后距离零件表面的高度）一般为20mm，刀具安全高度为25mm；第二个错误就是你只用了一把4mm直径的刀具来加工所有孔，实际上零件中包含了4个10mm的大孔和16个4mm的小孔，所以需要两把刀具分别铣削不同直径的孔。铣削孔的正确顺序为先加工4个10mm的大孔，然后再依次加工16个小孔，请给我准确无误的G代码，谢谢

图 7-43　向 ChatGPT 提出修改意见

11 将修正后的 G 代码复制到 CIMCO Edit 2023 窗口中并覆盖之前错误的 G 代码，接着再模拟刀路动态仿真，结果如图 7-44 所示。

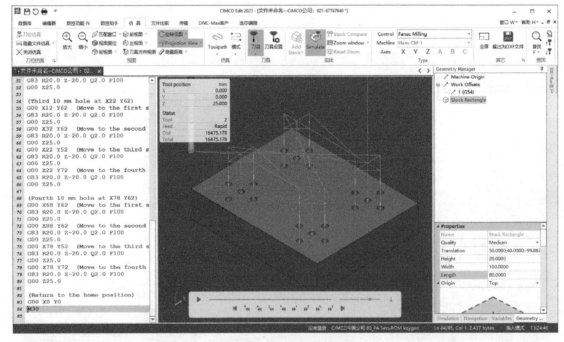

图 7-44　重新仿真的结果

12 从仿真结果看，刀路是没有问题的，只是所有孔尺寸都是相同的，说明 ChatGPT 还是没有将建议完全采纳。从 G 代码中可以看出，铣削时采用的两把刀具直径均为 4mm，所以可重新让 ChatGPT 修改刀具尺寸，第一把刀具直径为 10mm，第二把刀具直径为 4mm，另外再让 ChatGPT 对 G 代码进行优化，使其铣削时减少下刀、移刀和换刀的时间，如图 7-45 所示。

> 你上面生成的刀路中，仍然采用了同一尺寸的刀具去加工两种直径不同的孔，请将第一把刀具
> 直径修改为10mm，第二把刀具修改为4mm，同时优化G代码，使其铣削减少下刀、移刀
> 和换刀的时间

图 7-45　再次提出修改建议

13 将优化后的 G 代码复制到 CIMCO Edit 2023 窗口中并覆盖之前的 G 代码，同时进行动态仿真，结果如图 7-46 所示。

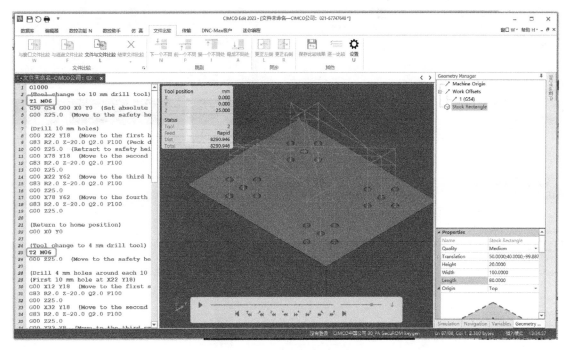

图 7-46　动态仿真结果

14 本次优化的代码比较成功，但刀具还是出现了错误，还是两把 4mm 的刀具，本次解决方法是直接在 CIMCO Edit 2023 中修改刀具。在【仿真】选项卡中单击【刀具设置】按钮 🔧，弹出【Tool Manager（Milling Mode）】对话框。在刀具列表中双击第一把刀具，如图 7-47 所示。

15 在【Design】刀具设计选项卡中修改刀具参数，完成后单击【Save】按钮，如图 7-48所示。

16 第二把刀具无须修改，重新动态仿真，得到图 7-49 的仿真结果。最后将 NC 文件保存。

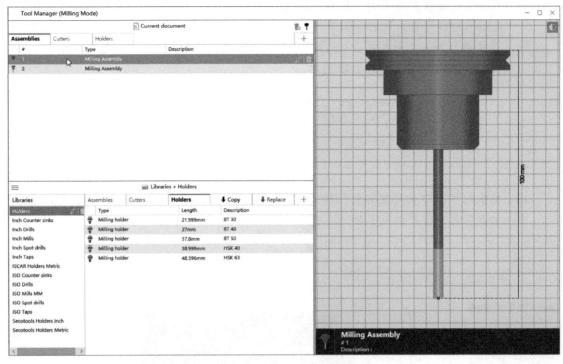

图 7-47　选择要修改的刀具

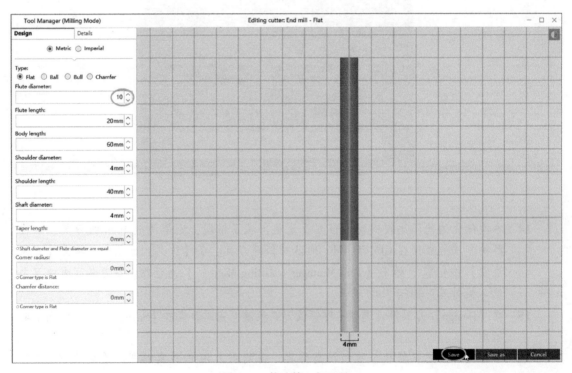

图 7-48　修改第一把刀具

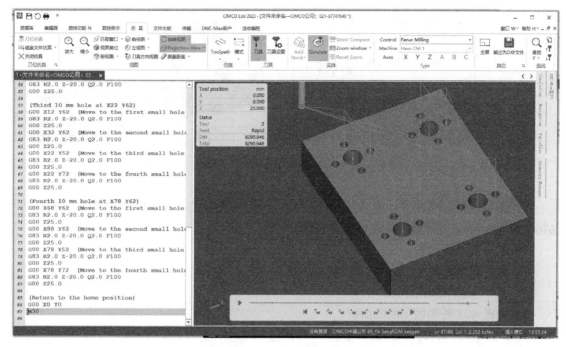

图 7-49　最终仿真结果

7.2　AI 辅助 Mastercam 车削加工

切换至【机床】选项卡，在【机床类型】面板中单击【车床】|【默认】按钮，弹出【车床-车削】选项卡、【车床-木雕刀路】选项卡和【车床-铣削】选项卡，Mastercam 车削加工工具在【车床-车削】选项卡中，如图 7-50 所示。

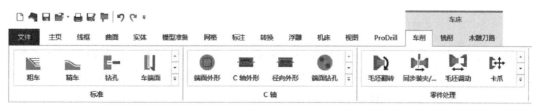

图 7-50　【车床-车削】选项卡

【车床-车削】选项卡和【车床-木雕刀路】选项卡中的加工指令与【铣削刀路】选项卡中的加工指令是完全相同的，这里不再赘述。接下来仅介绍【车床-车削】选项卡【标准】面板中的常见标准车削加工类型，包括粗车、精车、车槽和车端面等四种。下面用一个轴类零件的完整车削加工过程进行详解，要加工的轴零件如图 7-51 所示。

根据零件图样、毛坯情况确定工艺方案及加工路线。对于本例的回转体轴类零件，轴心线为工艺基准。在粗车外圆时，可采用阶梯切削路线，为编程时数值计算方便，而前段半圆弧部分用同心圆车圆弧法。工步顺序如下。

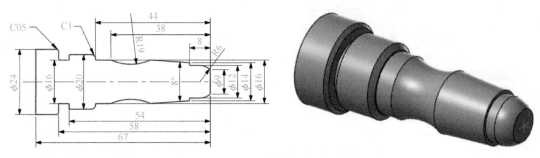

图 7-51　轴零件

1）粗车外圆的顺序是：车 $\phi9$ 右端面→车 $\phi12$ 外圆弧段→车 $\phi14$ 外圆与斜面段→车 $\phi16$ 外圆段→车 $\phi20$ 外圆段→车 $\phi24$ 外圆段。

2）粗车 R19 圆弧段。

3）精车整个零件外圆。

4）精车 4mm 宽的退刀槽。

5）切断 $\phi24$ 外圆段尾端的废料。

加工本例零件的刀具及用途如下。

- T1（T 0101 R 0.8 OD ROUGH RIGHT 80 DEG）：左手外圆车刀，刀尖角 80°，粗车台阶面、毛坯端面和圆弧面。

- T2（T 0101 R 0.8 OD ROUGH RIGHT 50 DEG）：左手外圆车刀，刀尖角 50°，精车台阶面、倒斜角面和圆弧面。

- T3（T 15115 R 0.4 W4 OD GROOVE CENTER-MEDIUM）：左手、刀片宽 4mm、刀片长 10mm 的槽刀，用于切槽。

- T4（T 3131 R 0.8 ROUGH FACE RIGHT-80 DEG）：左手、刀片宽 4mm、刀片长 16mm 的槽刀，车削端面并切断毛坯。

7.2.1　Mastercam 车削加工案例

Mastercam 中的车削加工案例通常涵盖从简单到复杂的各种情况，这些案例展示了如何使用 Mastercam 软件进行程序编写和加工设置。下面介绍常见的几种车削加工案例，包括粗车、精车、车槽、车端面和切断。

1. 粗车

使用粗车加工类型可快速去除大量毛坯，以便为精车加工做准备。粗车加工是平行于 Z 轴的直线切削，可设置用于插入底切区域的选项。标准粗车加工刀路的设置中还包括半精加工选项，粗加工刀具将按照零件轮廓进行最终走刀。

实战案例——粗车加工

粗车刀路如图 7-52 所示。仿真模拟结果如图 7-53 所示。

（1）零件处理

零件处理主要是针对加工坐标系（刀具面坐标系）不正确时进行的一系列操作。

图 7-52　粗车刀路　　　　　　　　　图 7-53　粗车仿真模拟结果

01 打开本例源文件 "7-2. mcam"。

02 切换至【视图】选项卡，在【显示】面板中单击【显示指针】按钮，显示当前坐标系。检查 WCS 工作坐标系、绘图平面坐标系和刀具面坐标系是否完全重合，如果不重合，会出现三个坐标系，如果三者重合，则仅显示 WCS 工作坐标系，如图 7-54 所示。

 在车削加工中，Mastercam 系统规定如下。

- 回转零件的截面图形必须在绘图平面上。

- 绘图平面、WCS 工作平面和刀具平面三者必须重合。也就是说，如果截面图形在俯视图平面上，只能设置俯视图平面作为工作平面，不能设置前视图或其他视图作为当前 WCS 工作平面，否则不能正确创建刀路。

- 坐标系原点必须在回转零件前端圆面的圆心位置，或者距离前端面一定距离，留出端面毛坯距离。

- 零件前端的毛坯边界不能超出坐标系原点位置，若超出，需重新指定下刀点。

03 若有一项不符合规定，需要立即进行处理。本例零件基本满足以上要求，此处不再进一步处理。

04 在【刀路】管理器面板的【机床群组-1】节点中单击【毛坯设置】选项，弹出【机床群组属性】对话框。切换至【毛坯设置】选项卡，单击【毛坯】选项组下的【参数】按钮，弹出【机床组件管理：毛坯】对话框，然后输入各项参数，完成毛坯的设置，如图 7-55 所示。

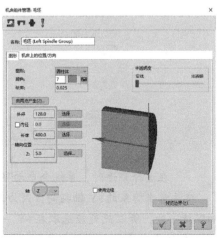

图 7-54　显示坐标系　　　　　　　　图 7-55　设置毛坯

05 切换至【毛坯设置】选项卡，单击【卡爪设置】选项组中的【参数】按钮，弹出【机床组件管理：卡盘】对话框。先在【图形】选项卡中设置参数，如图 7-56 所示。

06 在【参数】选项卡中设置参数，如图 7-57 所示。

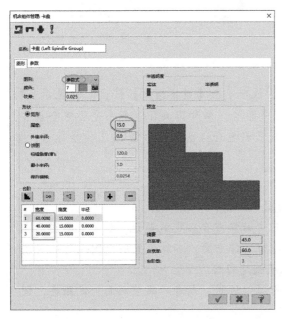

图 7-56　设置图形

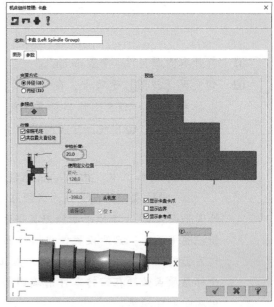

图 7-57　设置参数

（2）粗车外圆截面中的直线部分

01 切换至【车床-车削】选项卡，在【标准】面板中单击【粗车】按钮，弹出【实体串连】对话框。单击【实体】按钮，在绘图区选取加工串连，选取后注意箭头指向应从轴前端到尾端，如图 7-58 所示。

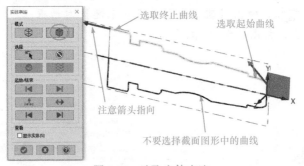

图 7-58　选取实体串连

技术要点　　　在选择串连时，系统会自动显示整个零件的完整轮廓曲线供用户选择，选择时应注意坐标系的+Y 轴指向，因为刀具方向（头朝原点、尾朝+Y 轴向）始终跟+Y 轴指向保持一致，所以此处应选取在+Y 一侧的串连，而不是-Y 一侧的串连。如果选择错误，那么在创建刀路时会提示刀具与毛坯产生碰撞。

02 单击【确定】按钮后弹出【粗车】对话框。在【刀具参数】选项卡中选择外圆车刀 T 0101 R 0.8 OD ROUGH RIGHT-80，设置车削【进给速率】为 0.3 毫米/转，【最大主轴转速】为 1000，如图 7-59 所示。

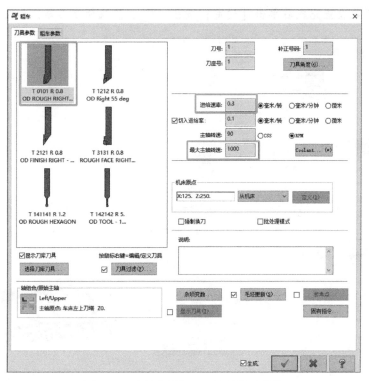

图 7-59 选择车削加工刀具并设置参数

03 在【刀具参数】选项卡中勾选【参考点】按钮前的复选框，然后单击【参考点】按钮，弹出【参考点】对话框。输入【进入】坐标值和【退出】坐标值，完成后单击【确定】按钮，如图 7-60 所示。

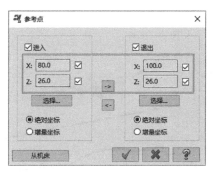

图 7-60 设置进刀、退刀参考点

> **技术要点**　　参考点的设置相当重要，如果不设置，系统会自动跟随零件外形进行切削，若毛坯大于零件，那么切削时，刀具会与设置的毛坯碰撞，无法生成正确刀路。也就是说设置参考点的目的是保护刀具。

04 在【粗车参数】选项卡中，设置【切削深度】值为 1mm。在【刀具在转角处走圆角】列表中选择【无】选项，在【毛坯识别】列表中选择【使用毛坯外边界】选项，其余参数保留默认设置，如图 7-61 所示。

05 粗车参数设置完成后单击【确定】按钮 ，生成粗车刀路，如图 7-62 所示。

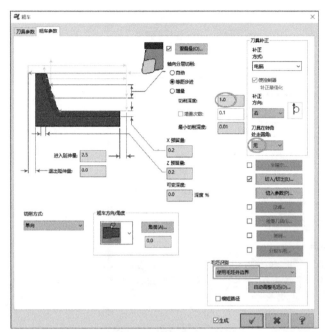

图 7-61　设置粗车参数　　　　　　　图 7-62　生成的粗车刀路

（3）粗车外圆截面中的圆弧部分

对弧形凹槽采用粗车方法进行加工，车槽加工刀路的步骤如下。

01 切换至【车床-车削】选项卡，在【标准】面板中单击【粗车】按钮，弹出【实体串连】对话框。然后在绘图区中选取圆弧曲线作为加工串连，如图 7-63 所示。

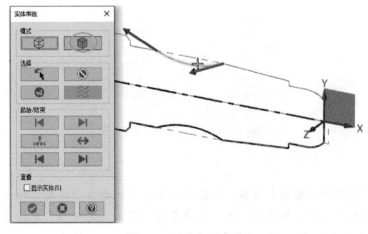

图 7-63　选取加工串连

02 在弹出的【粗车】对话框的【刀具参数】选项卡中选择外圆车刀 T 2121 R 0.8 OD FINISH RIGHT-35，再设置车削【进给速率】为 0.3 毫米/转，【主轴转速】为 1000，【最大主轴转速】为 10000，如图 7-64 所示。

03 在【刀具参数】选项卡中勾选【参考点】按钮前的复选框，单击【参考点】按钮，弹出【参考点】对话框。在【进入】选项组单击【选择】按钮，然后选取零件圆弧面上的一个参考点，选取参考点后修改其坐标值，如图 7-65 所示。

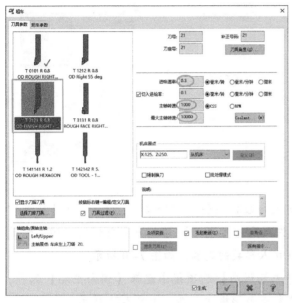

图 7-64　设置刀具参数

图 7-65　设置进刀参考点

04 按步骤 03 的方法设置退刀点，然后单击【确定】按钮 ，完成参考点设置，如图 7-66 所示。

05 在【粗车】对话框的【粗车参数】选项卡中设置粗车参数，如图 7-67 所示。

图 7-66　设置退刀参考点

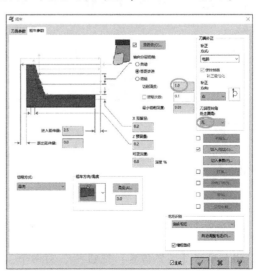

图 7-67　设置粗车参数

06 单击【切入/切出】按钮，弹出【切入/切出设置】对话框。在【切入】选项卡中勾选【切入圆弧】复选框，并单击【切入圆弧】按钮，设置圆弧参数，如图 7-68 所示。

07 在【切出】选项卡中也进行与步骤 06 中相同的设置，如图 7-69 所示。

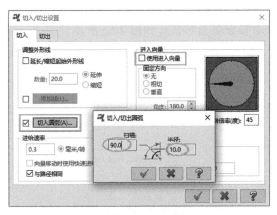

图 7-68　设置切入参数

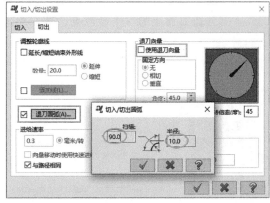

图 7-69　设置切出参数

08 在【粗车参数】选项卡中单击【切入参数】按钮　切入参数(P)，弹出【车削切入参数】对话框。选择第二项【允许双向垂直下刀】切入方式来切削凹槽，然后单击【确定】按钮　，完成车削切入参数的设置，如图 7-70 所示。

09 切换至【粗车参数】选项卡，在【毛坯识别】选项组中选择【剩余毛坯】选项，然后单击【确定】按钮　，生成粗车弧形槽的刀路，如图 7-71 所示。

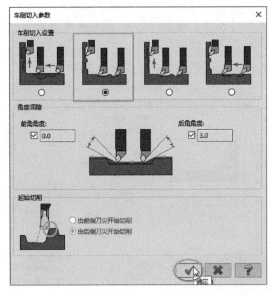

图 7-70　设置车削切入参数

图 7-71　生成粗车弧形槽的刀路

10 单击【实体仿真】按钮　，对两个工序操作进行实体仿真模拟，模拟结果如图 7-72 所示。

图 7-72　模拟结果

2. 精车

精车削主要作用于工件上粗车削后遗留下来的材料，精车削的目的是尽量满足加工要求和光洁度要求，达到与设计图纸一致的效果。精车削的操作过程与粗车削是相同的，不同的是精车削替换了较小的刀具并更改了切削深度参数，所以精车削的操作技巧是：可以单独创建【精车】工序操作来完成精车加工，也可以将前面创建的粗车工序操作进行复制、粘贴，仅替换刀具和部分参数等。这里采用复制、粘贴的方法进行精车刀路的创建。

> **技术要点**　　【刀具参数】选项卡中要替换的刀具是 T 0101 R 0.8 OD ROUGH RIGHT 50 DEG，【进给速率】为 0.2、【主轴转速】为 3000。在【粗车参数】选项卡中修改【切削深度】为 0.1、X 余留量和 Z 余留量均为 0。

精车工序这里就不再重复叙述了，轴零件的精车刀路即实体仿真模拟效果如图 7-73 所示。

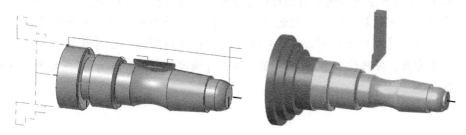

图 7-73　精车刀路和实体模拟仿真效果

3. 车槽

径向车削的凹槽加工主要用于车削工件上的凹槽部分。下面继续轴零件的退刀槽的粗车和精车加工，在 Mastercam 中将一次性完成粗车和精车加工，无需单独粗车或单独精车加工。

实战案例——退刀槽车削加工

退刀槽车削加工刀路如图 7-74 所示。实体模拟结果如图 7-75 所示。

图 7-74　加工刀路

图 7-75　实体模拟结果

01 延续前一实战案例的操作。

02 切换至【车床-车削】选项卡，在【标准】面板中单击【沟槽】按钮▥，弹出【沟槽选项】对话框。保留默认选项并单击【确定】按钮 ✓ ，然后弹出【实体串连】对话框。在绘图区选取图 7-76 的串连外形。

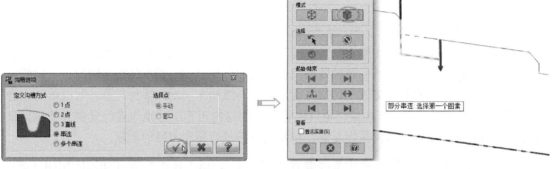

图 7-76　选择串连外形曲线

03 在弹出的【沟槽粗车（串联）】对话框的【刀具参数】选项卡中选择 T 151151 R 0.4 W4. OD CUTOFF RIGHT 的车刀，设置【进给速率】为 0.1，【主轴转速】为 1000，【精车主轴转速】为 2000，【最大主轴转速】为 10000，如图 7-77 所示。

04 在【刀具参数】选项卡中勾选【参考点】按钮前的复选框，再单击【参考点】按钮，弹出【参考点】对话框。勾选【退出】复选框，单击【选择】按钮，选取退刀参考点，并修改 X 值为 70，然后单击【确定】按钮 ✓ ，完成参考点设置，如图 7-78 所示。

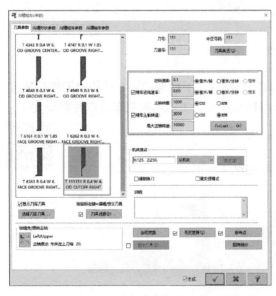

图 7-77　选择车削加工刀具

图 7-78　设置退刀参考点

05 在【沟槽粗车参数】选项卡中设置沟槽粗车参数，如图 7-79 所示。

06 在【沟槽精车参数】选项卡中设置沟槽精车参数，如图 7-80 所示。

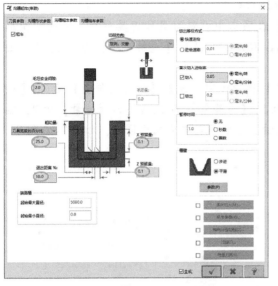

图 7-79 设置沟槽粗车参数

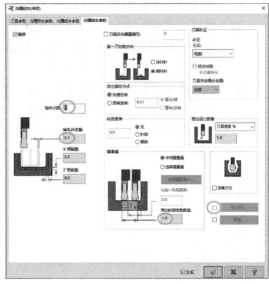

图 7-80 设置沟槽精车参数

07 单击【沟槽粗车（串联）】对话框中的【确定】按钮，根据所设参数生成退刀槽粗车与精车刀路，如图 7-81 所示。

08 单击【实体仿真】按钮进行仿真模拟，模拟结果如图 7-82 所示。

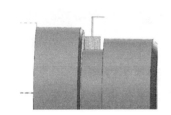

图 7-81 退刀槽粗车与精车刀路

图 7-82 模拟结果

4. 车端面和切断

车端面加工适合用来车削毛坯工件的端面，或零件结构在 Z 方向的尺寸较大的场合。切断加工是在零件车削完成后从毛坯件中将所需的部分切割出来。

实战案例——端面车削和毛坯件切断

接下来对轴零件的端面进行粗车和精车操作，并创建切断刀路，如图 7-83 所示。实体模拟结果如图 7-84 所示。

图 7-83 车削端面和切断刀路

图 7-84 切断模拟结果

（1）车削端面

01 延续上一个实战案例的操作。切换至【车床-车削】选项卡，在【标准】面板中单击【车端面】按钮 ，弹出【车端面】对话框。

02 在【车端面】对话框的【刀具参数】选项卡中设置刀具和刀具参数，选取端面车刀 T 3131 R 0.8 ROUGH FACE RIGHT-80 DEG，设置【进给速率】为 0.2，【主轴转速】为 2000，如图 7-85 所示。

03 在【车端面】对话框的【车端面参数】选项卡中，设置【进刀延伸量】为 1，【粗车步进量】为 1，【精车步进量】为 0.5，【重叠量】为 2，【退刀延伸量】为 2，然后单击【选择点】按钮并设置端面区域，选取两点作为端面区域，如图 7-86 所示。

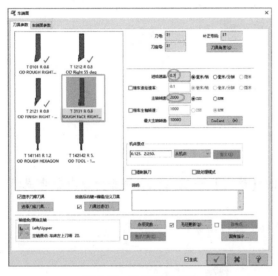

图 7-85　设置刀具参数　　　　　　　　图 7-86　设置车端面参数

04 单击【确定】按钮 ，生成车削端面刀路，如图 7-87 所示。

05 单击【实体仿真】按钮 进行仿真模拟，模拟结果如图 7-88 所示。

图 7-87　生成车削端面刀路　　　　　　图 7-88　模拟结果

（2）切断毛坯件

01 切换至【车床-车削】选项卡，在【标准】面板中单击【切断】按钮 ，按信息提示选取切断边界点，如图 7-89 所示。

02 在弹出的【车削截断】对话框的【刀具参数】选项卡中设置刀具和刀具参数，选择截断车刀 T 4141 R 0.1 W 1.85 OD GROOVE CENTER NARROW，设置【进给速率】为 0.1，【主轴转速】为 1000，如图 7-90 所示。

图 7-89　选取切断边界点

03 在【切断参数】选项卡中设置其余选项及参数，如图 7-91 所示。

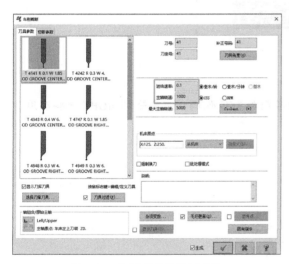

图 7-90　选择刀具并设置参数

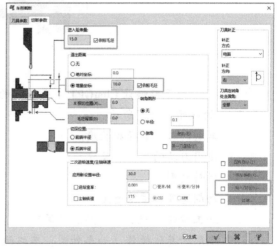

图 7-91　设置切断参数

04 单击【确定】按钮 ✓，生成车削截断刀路，如图 7-92 所示。

05 单击【实体仿真】按钮 进行仿真模拟，模拟结果如图 7-93 所示。

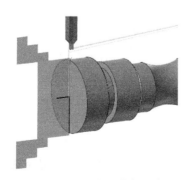

图 7-92　生成车削截断刀路

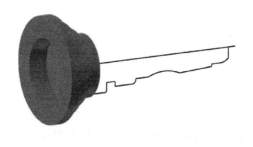

图 7-93　截断模拟结果

7.2.2　AI 辅助车削加工案例

用户可利用机器学习算法分析加工参数、刀具状态、工件材料等，优化车削加工工艺参数，提高加工精度和效率。

目前还没有可用的 Mastercam AI 插件能完成自动车床编程，但可以通过 AI 语言大模型 ChatGPT 来自动生成车削加工代码。

实战案例——利用 ChatGPT 生成车削加工 G 代码

本例的目的是对图 7-94 的轴零件进行车削加工。通过 ChatGPT 生成车削加工代码，然后运行 CIMCO Edit 2023 仿真检验 G 代码。

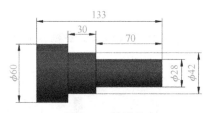

图 7-94　轴零件

 技术要点　　为了能够让 ChatGPT 生成正确的车削加工 G 代码，需要给 ChatGPT 一些有用的提示，如下所示。

- 车削的工件直径和长度。
- 使用刀具的类型和尺寸。
- 材料类型。
- 切削速度和进给速度。
- 加工步骤（粗加工、精加工等）。
- 车削的具体操作（如车外圆、车端面、切槽等）。

01　在 ChatGPT 的 Data Analyst 模型聊天模式中单击【导入】按钮 🔘，导入本例源文件"轴零件.jpg"，并输入提示词"导入的图片表达的是一个轴零件图形，要车削的毛坯工件是一根 45 钢材料的棒材，请给出合理的车削加工工艺"，然后单击【发送信息】按钮 ⬆ 发送信息，如图 7-95 所示。

图 7-95　发送信息给 ChatGPT

02　ChatGPT 给出车削加工工艺步骤，如图 7-96 所示。

03　向 ChatGPT 提问"根据你提供的车削加工工艺，选用右手车刀仅对毛坯工件进行粗车，请生成完全正确的 G 代码"，生成的 G 代码如图 7-97 所示。

车削加工工艺步骤:

工件材料: 45钢棒材

毛坯直径: 根据工件最大外径,毛坯直径应大于60mm。

工艺步骤:

1. 准备工作:

   - 检查车床和工具是否完好,确保机床的精度。
   - 安装并校准工件,以保证工件的同心度和稳定性。

2. 粗车外圆:

   - 将工件装夹在车床上,调整工件的露出长度。
   - 使用粗车刀具,车削工件的外圆至直径大于60mm。
   - 工件转速:600-800转/分,进给量:0.3-0.5 mm/转,切削深度:1.5-2 mm。

3. 粗车步骤1:

   - 粗车30mm长的Ø60外圆柱。
   - 粗车剩余部分直径至略大于Ø42(约Ø45)。
   - 工件转速:600-800转/分,进给量:0.3-0.5 mm/转,切削深度:1.5-2 mm。

4. 半精车外圆:

   - 对30mm长的Ø60外圆进行半精车,加工到Ø60的尺寸公差范围内。
   - 将Ø42部分粗车到略大于42mm。

5. 粗车步骤2:

   - 粗车70mm长的Ø42外圆柱。
   - 粗车剩余部分直径至略大于Ø28(约Ø30)。
   - 工件转速:800-1000转/分,进给量:0.2-0.4 mm/转,切削深度:1-1.5 mm。

6. 半精车和精车外圆:

   - 半精车和精车70mm长的Ø42外圆,加工到Ø42的尺寸公差范围内。
   - 对剩余部分进行半精车和精车,加工到Ø28的尺寸公差范围内。

7. 车削端面和倒角:

   - 使用车削端面刀具,车削工件端面,保证端面光洁度。
   - 对工件的每个外圆柱与端面交接处进行倒角处理,倒角尺寸可根据需要设置(如0.5mm×45°)。

8. 检查和修整:

   - 使用量具(如外径千分尺、游标卡尺等)测量各部分尺寸,确保符合图纸要求。
   - 如有必要,对尺寸不合格的部位进行修整。

注意事项:

- **切削液:** 加工过程中应使用适当的切削液,以减少刀具磨损和提高工件表面质量。
- **工具选择:** 选择适合45钢材料的车削刀具,刀具材料推荐使用硬质合金。
- **安全防护:** 操作时应佩戴防护眼镜和手套,注意防护安全。

图 7-96　ChatGPT 生成工艺步骤

图 7-97　ChatGPT 生成车削加工 G 代码

04 复制代码到 CIMCO Edit 2023 中,同时在【编辑器】选项卡中选择【Haas Turning】铣削方式,如图 7-98 所示。

05 在【仿真】选项卡中单击【刀位仿真】按钮，进入刀位仿真界面，添加圆柱毛坯，可看到刀具轨迹仿真结果，如图 7-99 所示。

图 7-98　复制代码到 CIMCO Edit 2023

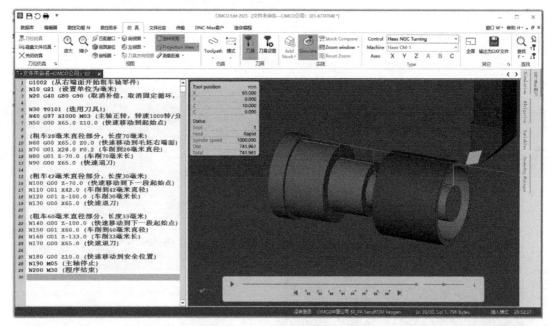

图 7-99　刀具轨迹仿真结果

> **提示**
>
> 　　有时 ChatGPT 分不清毛坯件的左端面和右端面，用户需要给出更详细的提示，例如"建议从零件右端面开始切削，往左，按直径从大到小依次切削"，这样一来，ChatGPT 可生成更为准确的代码。用户不能让 ChatGPT 去猜测并且胡乱规划，而是要尽量给出详细的信息，越详细越好。

06 从仿真结果看，右端面有部分没有切削掉，而且车削刀路只有两层，这其实是精加工刀路，并非本例所需的粗加工刀路，所以需要重新在 ChatGPT 中提出修改建议，并生成新的 G 代码，如图 7-100 所示。

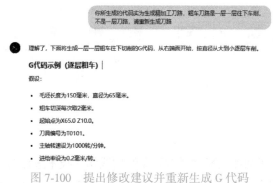

图 7-100 提出修改建议并重新生成 G 代码

07 将生成的新代码复制到 CIMCO Edit 2023 中进行仿真，结果如图 7-101 所示。

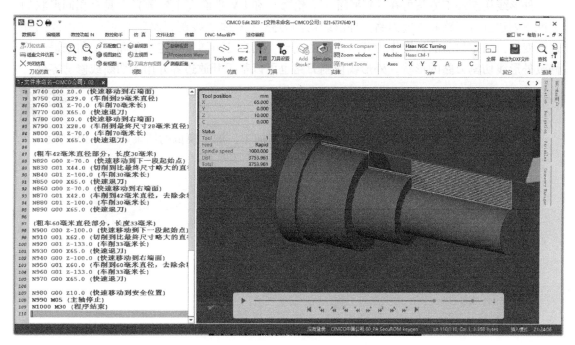

图 7-101 重新仿真的结果

08 将粗车的 G 代码保存为 NC 文件。

7.3 AI 辅助 Mastercam 线切割加工

外形线切割是电极丝根据选取的加工串连外形切割出产品形状的加工方法，可以切割直侧壁零件，也可以切割带锥度的零件。外形线切割加工的应用范围较广，可以加工很多较规则的零件。

切换至【机床】选项卡，在【机床类型】面板中选择【线切割】|【默认】选项，弹出【线切割-线割刀路】选项卡，如图 7-102 所示。

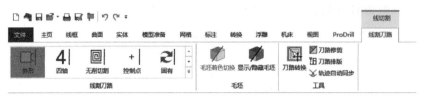

图 7-102 【线切割-线割刀路】选项卡

7.3.1 Mastercam 线切割加工案例

在 Mastercam 中，线切割加工案例通常涵盖使用线切割技术进行精密切割和加工的各种应用场景。这些线切割加工案例包括外形线切割加工、无屑线切割加工和 4 轴线切割加工等。

1. 外形线切割加工

外形线切割加工方法可在 XY 平面（下轮廓）和 UV 平面（上轮廓）中具有相同形状的情况下创建垂直刀路和锥度刀路。外形线切割刀路（简称"线割刀路"）可以向内或向外逐渐变细，指定焊盘的位置作为开始变细的起点。用户还可通过指定尖角和平滑角来进一步修改外形线切割刀路的形状。外形线切割刀路也可以基于开放边界并用于切断或修剪零件。

实战案例——外形线切割加工

接下来对图 7-103 的零件模型进行外形线切割加工，加工模拟的结果如图 7-104 所示。

图 7-103 零件模型

图 7-104 加工模拟结果

> **提示**
>
> 本案例采用直径 D0.14 的电极丝进行切割，放电间隙为单边 0.02mm，因此补偿量为 0.14/2+0.02=0.09mm，采用控制器补偿，补偿量即 0.09mm，穿丝点为事先定义的点。进刀线长度取 5mm，切割一次完成。

01 打开本例源文件 "7-3.mcam"。

02 在【线割刀路】面板中单击【外形】按钮▣，弹出【线框串连】对话框。

03 先选取穿丝点，再选取加工串连，操作方式如图 7-105 所示。

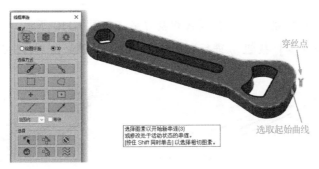

图 7-105 选取穿丝点和加工串连

技术要点　　选取加工串连时，注意起始曲线要在靠近穿丝点的位置选取，否则线切割时，刀具会直接切坏毛坯。

04　在弹出的【线切割刀路-外形参数】对话框的【钼丝/电源】选项设置面板中设置电极丝参数，如图 7-106 所示。

05　在【切削参数】选项设置面板设置切削参数，如图 7-107 所示。

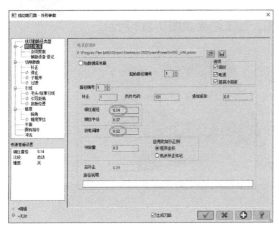

图 7-106 设置电极丝（钼丝）参数

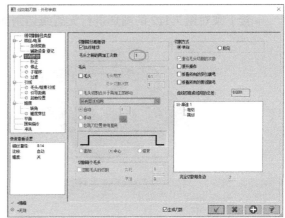

图 7-107 设置切削参数

06　在【补正】选项设置面板中设置补正参数，如图 7-108 所示。

07　在【锥度】选项设置面板中设置线切割锥度和高度参数，如图 7-109 所示。

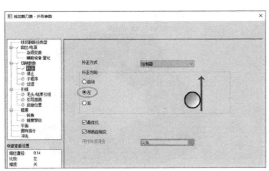

图 7-108 设置补正参数

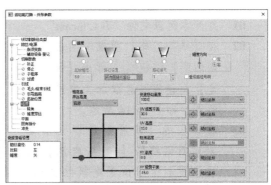

图 7-109 设置锥度和高度参数

08 单击【确定】按钮 ，生成线切割刀路，如图 7-110 所示。

09 单击【实体仿真】按钮 进行实体仿真，仿真效果如图 7-111 所示。

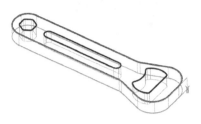

图 7-110 生成线切割刀路   图 7-111 实体仿真结果

2. 无屑线切割加工

无屑线切割将移除带有一系列偏置刀轨封闭外形内的所有材料。此切割类型不会使工件生成废料块，是一种安全的切割方式。通常情况下，当零件内部要切削的面积较小时，可使用此线切割类型。

实战案例——无屑线切割加工

接下来对图 7-112 的图形进行无屑线切割加工，加工结果如图 7-113 所示。

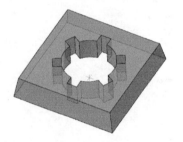

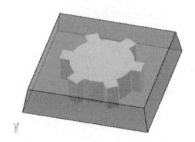

图 7-112 加工图形   图 7-113 加工结果

> **提示** ‖▮
>
> 采用直径 D0.14mm 的电极丝进行切割，放电间隙为单边 0.01mm，因此，补偿量为 0.14/2+0.01＝0.08mm，采用控制器补偿，补偿量即 0.08mm，穿丝点为原点。切割一次完成。

01 打开本例源文件 "7-4.mcam"。

02 在【线割刀路】面板中单击【无削切割】按钮 ，弹出【线框串连】对话框，选取加工串连和穿丝点，如图 7-114 所示。

03 在弹出的【线屑割刀路-无屑切割】对话框的【钼丝/电源】选项设置面板中设置电极丝直径、放电间隙、预留量等参数，如

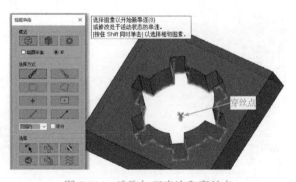

图 7-114 选取加工串连和穿丝点

图 7-115 所示。

04　在【无削切割】选项设置面板中设置高度参数，如图 7-116 所示。

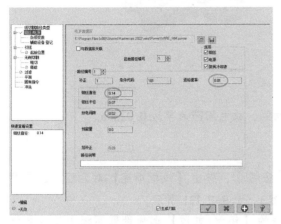 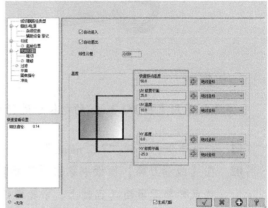

图 7-115　设置参数　　　　　　　　　　图 7-116　设置无削切割参数

05　在【精修】选项设置面板中设置精修参数，如图 7-117 所示。

06　根据设置的参数生成无屑线切割刀路，如图 7-118 所示。

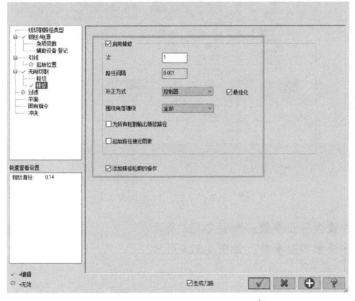

图 7-117　设置精修参数　　　　　　　　图 7-118　生成无屑线切割刀路

3. 4 轴线切割加工

4 轴线切割主要用来切割上下异形的工件。4 轴主要是 X、Y、U、V 4 个轴。4 轴线切割可以加工比较复杂的零件。

实战案例——4 轴线切割加工

接下来对图 7-119 的零件外侧壁进行 4 轴线切割加工，加工结果如图 7-120 所示。

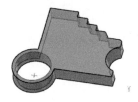

图 7-119　加工图形　　　　　　　图 7-120　加工结果

提示

本案例采用直径 D0.3mm 的电极丝进行切割，放电间隙为单边 0.02mm。

01　打开本例源文件"7-5. mcam"。

02　在【线割刀路】面板中单击【四轴】按钮 **4**，弹出【线框串连】对话框。选取穿丝点和加工串连（包括上、下轮廓边线），如图 7-121 所示。

03　在弹出的【线切割刀路-四轴】对话框的【钼丝/电源】选项设置面板中设置电极丝直径、放电间隙等参数，如图 7-122 所示。

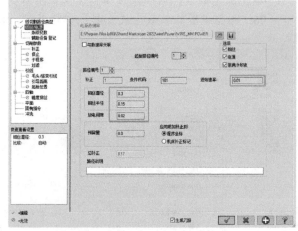

图 7-121　选取穿丝点和加工串连　　　　　　　图 7-122　设置相关参数

04　在【补正】选项设置面板中设置补正参数，如图 7-123 所示。

05　在【四轴】选项设置面板中设置四轴参数，如图 7-124 所示。

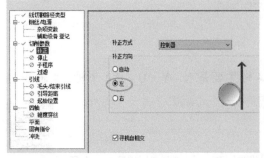

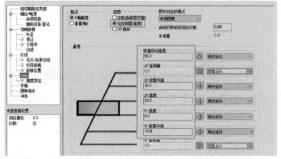

图 7-123　设置补正参数　　　　　　　图 7-124　设置四轴参数

06 根据所设参数生成 4 轴线切割刀路，如图 7-125 所示。实体仿真结果如图 7-126 所示。

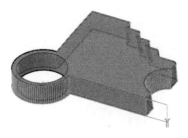

图 7-125 生成的 4 轴线切割刀路

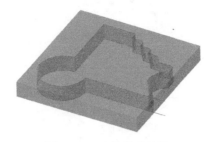

图 7-126 实体仿真结果

7.3.2 AI 辅助线切割加工

目前没有 AI 插件工具能辅助完成线切割加工，但可以通过 ChatGPT 生成线切割加工代码，以进行手动编程操作。图 7-127 为通过 ChatGPT 生成线切割加工代码的简单示例。

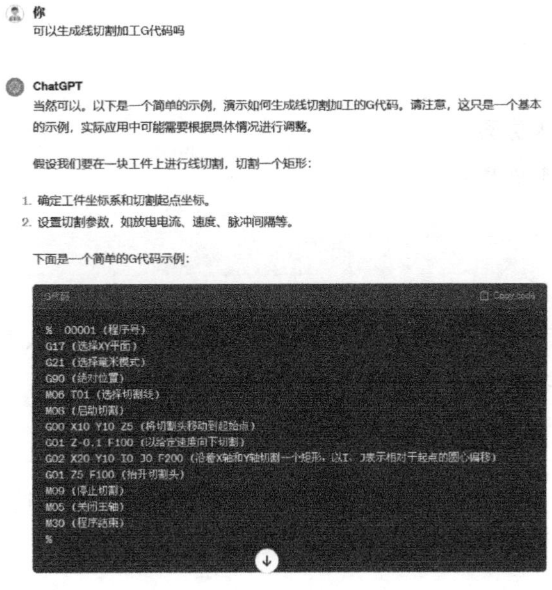

图 7-127 ChatGPT 生成的线切割加工代码

虽然 AI 能够生成线切割代码，但目前还没有专业的、适配的线切割代码仿真软件进行代码验证。Mastercam 中虽然有线切割模块和仿真模块，但不能载入手工 G 代码进行仿真验证。因此，这里不再演示如何利用 ChatGPT 生成线切割 G 代码。

第 8 章

Mastercam 仿真与后处理

机床仿真是利用 Mastercam 的后置处理器对编制的加工程序进行机床模拟，达到与实际加工一致的效果，可以极大地提高生产效率。机床模拟成功后，可通过后置处理器将加工程序以适用于各类数控系统的程序导出。

本章要点

- 关于 AI 辅助机床仿真。
- Mastercam 的机床仿真。

8.1 关于 AI 辅助机床仿真

在 Mastercam 软件中利用 AI 技术进行数控仿真铣削，需要将人工智能技术与 Mastercam 的数控编程功能结合起来。以下是一些常用的具体方法。

8.1.1 数据收集与预处理

数据收集与预处理是数据科学和机器学习中非常重要的步骤，这些步骤确保了数据的质量和适用性，为后续的建模和分析工作奠定了基础。

1. 数据收集
- 历史加工数据：从以往的数控铣削操作中收集相关数据，包括加工路径、刀具参数、材料属性和加工结果（如表面粗糙度、加工时间）等。
- 实时数据：利用传感器收集实时加工数据，如切削力、振动、温度等。

2. 数据预处理
- 清洗数据：清理数据中的噪声和异常值，确保数据的准确性。
- 特征提取：提取关键特征（如进给速度、主轴转速、切削深度等），作为机器学习模型的输入。

8.1.2 建立 AI 模型

在 Mastercam 软件中，建立 AI 模型涉及选择模型和训练模型两个方面。

1. 选择模型

- 回归模型：用于预测加工结果（如表面粗糙度、加工时间等）。
- 分类模型：用于识别加工过程中的异常（如刀具磨损、加工错误等）。
- 深度学习：使用深度神经网络来处理复杂的非线性关系，优化加工路径和参数。

2. 训练模型

- 数据分割：将数据集分为训练集、验证集和测试集，以评估模型的性能。
- 模型训练：使用机器学习框架（如 TensorFlow、PyTorch 等）训练模型，调整模型参数以优化性能。
- 模型评估：使用交叉验证方法和性能指标（如 MSE、MAE、准确率等）评估模型的表现。

8.1.3 集成 AI 模型到 Mastercam

前面的章节利用人工智能工具或平台进行了数控铣削加工操作，并自动生成了加工 G 代码，为了验证 AI 生成的 G 代码是否具备实际生产能力，同时通过几款 AI 工具或 CAM 软件进行了验证，其中就包括 CAM 自动化工具 Temujin CAM 和 Fusion 360，当然，还可以借助其他 CAM 软件，如 UG CAM、SolidWorks CAM 等软件进行代码验证（机床仿真）。Mastercam 的一个重要缺陷就是不能直接导入 G 代码进行机床仿真，并需要进行以下操作来提升 Mastercam 软件的 AI 能力。

1. 开发插件或脚本

- Mastercam API：使用 Mastercam 提供的 API 开发插件或脚本，将训练好的 AI 模型集成到软件中。
- 数据接口：创建数据接口，实现 AI 模型与 Mastercam 之间的数据交换，输入加工参数并输出优化结果。

2. 实时优化和监控

- 参数优化：AI 模型根据输入的加工参数进行实时优化，生成最优的加工路径和参数，并反馈给 Mastercam。
- 实时监控：通过传感器数据实时监控加工过程，并通过 AI 模型进行动态调整，确保加工过程的稳定性和效率。

3. 仿真操作

- 在 Mastercam 中运行 AI 优化后的加工路径，进行详细的仿真操作，观察仿真结果。
- 误差分析：比较仿真结果与实际加工结果，分析误差并调整模型。

4. 实际加工验证

- 在实际机床上运行 AI 优化的加工程序，验证其性能和效果。
- 反馈改进：将实际加工结果反馈给 AI 模型，并进行迭代训练和优化。

5. 优化与维护

- 定期更新和维护 AI 模型，利用最新的加工数据进行重新训练，确保模型的准确性和有效性。
- 用户反馈：收集用户反馈，改进 AI 系统的用户界面和功能，提升用户体验。
- 随着 AI 技术的发展，不断引入新的算法和模型，提升系统的智能化水平。
- 技术支持：提供专业的技术支持，帮助用户解决使用过程中的问题和挑战。

8.2   Mastercam 的机床仿真

机床仿真也称为后置仿真，是利用 Mastercam 的数控加工模块提供的仿真机床和后置处理器模块自带的后置处理器程序来进行机床仿真运动。

CAM 中提供了几种典型的机床和后置处理器。当设置了仿真机床，程序会自动调用该机床的后置处理器生成 NC 代码，而不用再进行后处理输出 NC 代码。机床仿真在 4-5 轴机床中的优势特别突出，它解决了在真实机床上试验的风险。例如，在 Mastercam 提供了 5 轴西门子数控加工中心和 4 轴车削加工中心，如图 8-1 所示。

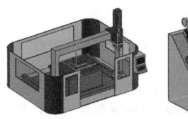

图 8-1   提供了 5 轴加工中心和 4 轴车削加工中心

8.2.1   机床设置

要进行机床仿真，就要对机床相关参数进行设置，包括控制定义、机床定义、材料定义和铣床刀具管理等。

1. 控制定义

控制定义就是定义数控机床的控制系统，为后处理器提供正确定义的刀路信息，让后处理创建满足控件要求的 NC 加工文件。

切换至【机床】选项卡，在【机床设置】面板中单击【控制定义】按钮■，弹出【控制定义】对话框，如图 8-2 所示。

> **提示** ⫶⫶⫶
>
> 不能在空白的 Mastercam 环境中直接进行控制定义，仅当在创建数控加工程序后方可进行后续操作。

单击【现有定义】按钮，可以查看当前加工工序操作的现有控制系统定义，包括机床信息、后处理文件所在的本地路径等基本信息，如图 8-3 所示。系统默认的控制定义是不能直接用在实际数控加工中心的，需要进行定义。

技术要点　　Mastercam 2024 在安装时是没有后处理文件和机床文件的，需要另外从官网中下载。本章源文件夹中提供了后处理文件和机床文件，直接在安装路径下覆盖即可。后处理文件是以 .pst 后缀命名的文件，需要对后处理文件进行编辑时，可用记事本文件打开它。

图 8-2 【控制定义】对话框

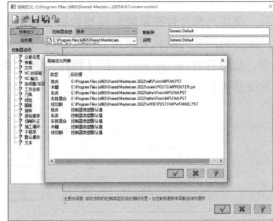

图 8-3 查看现有定义

单击【打开控制自定义文件】按钮 ，可从 Mastercam 安装路径下（E：\Program Files (x86)\Shared Mastercam 2024\CNC_MACHINES）打开 CNC 机床控制器文件，比如实际的数控机床为德国西门子机床，可打开 Siemens 808D 3x_4x Mill. mcam-control 控制器文件，然后通过【控制器选项】列表中的选项定义，为输出符合西门子数控系统的文件进行自定义，如图 8-4 所示。自定义完成后可单击【保存】按钮进行保存，以便后续加工时调取。

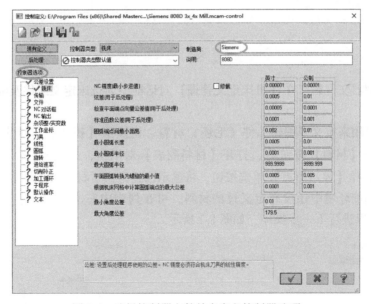

图 8-4 选择控制器文件并自定义控制器选项

> **技术要点**
>
> 在软件安装路径下的 CNC_MACHINES 文件夹中，包括了常见的所有数控系统所属的机床控制器文件，如日本法拉科（FANUC）、日本 MAZAK 数控系统、安德森（ANDERSON）系统、德国西门子（Siemens）系统、夏米尔（CHARMILLES）系统、科莫（KOMO）系统等。

2. 机床定义

要输出符合数控系统控制器的加工程序，就必须定义合适的机床，这是有效编程的重要一步。机床文件默认安装在 E：\Program Files（x86）\Shared Mastercam 2024\CNC_MACHINES 中，后缀名为 mcam-mmd。在【机床设置】面板中单击【机床定义】按钮圙，弹出【机床定义管理】对话框，如图 8-5 所示。

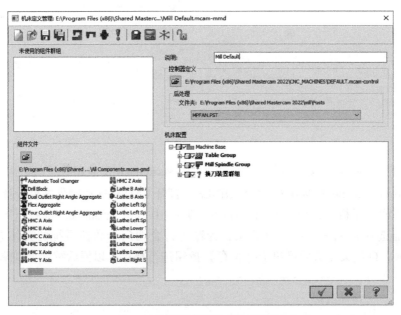

图 8-5 【机床定义管理】对话框

选择好控制器文件后，在【机床定义管理】对话框中为机床定义组件及配置等。

3. 材料定义

材料定义可用来定义或编辑工件（毛坯）材料。切换至【机床】选项卡，在【机床设置】面板中单击【材料】按钮，打开【材料列表】对话框，如图 8-6 所示。在【显示选项】选项组中选择【显示所有】单选按钮，将显示已经定义了材料的工件或刀具。

如果没有当前环境中还没有定义过的材料，可在列表中右击鼠标，选择右键菜单中的【新建】命令，以进行下一步操作，如图 8-7 所示。

图 8-6 【材料列表】对话框

图 8-7 新建材料

在弹出的【材料定义】对话框中为新材料输入新参数，以满足材料属性。例如新建 C45 钢的工件新材料，如图 8-8 所示。

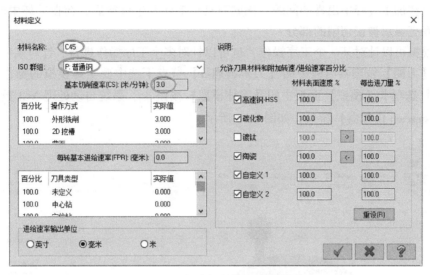

图 8-8 新建材料并设置参数

8.2.2 仿真模拟

当工序操作完成后，Mastercam 系统会自动生成加工切削刀路，能够生成刀路不一定就证明刀路是正确的，还需要进行仿照实际加工的模拟操作进行刀路检验，若发生模拟错误，可及时调整加工参数。模拟操作包括刀路模拟、实体仿真和模拟（机床实体模拟）等三种。

1. 刀路模拟

刀路模拟是最简单的一种快速刀路检验方式，不需要建立毛坯就可以对刀路进行检验。缺点是无法判断刀具在加工运行过程中是否对毛坯或装夹夹具产生碰撞。

在【模拟】面板中单击【刀路模拟】按钮，弹出【路径模拟】对话框和仿真动画控制条，如图 8-9 所示。

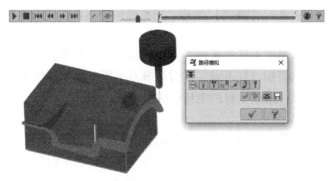

图 8-9 【路径模拟】对话框和仿真动画控制条

【路径模拟】对话框中的工件可以用来控制刀路的模拟状态，在仿真动画控制条中单击【开始】按钮或【停止】按钮，能播放或停止播放模拟加工动画。

2. 实体仿真

实体仿真可以模拟实际刀具按照设定的刀路切削工件，并得到最终的零件。实体模拟可以检验刀路在加工过程中出现的问题，比如刀具与毛坯发生碰撞后，会在毛坯中产生切削，且以红色高亮显示被误切削的部分。

实体模拟可以针对某一个工序操作，也可以针对多个工序操作进行。针对某一个工序操作时，在【刀路】管理器面板中的【刀具群组-1】节点下选中要实体模拟的操作，然后单击【机床】选项卡【模拟】面板中的【实体模拟】按钮，系统自动处理 NCI 数据后接着打开【Mastercam 模拟器】窗口，如图 8-10 所示。

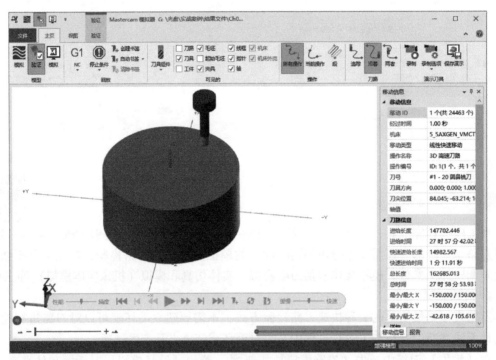

图 8-10 【Mastercam 模拟器】窗口

在仿真动画控制条中单击【播放】按钮，完整模拟刀具加工毛坯件时的切削过程动画，图 8-11 为实体模拟结果。

如果要从头到尾实体模拟毛坯件粗加工、半精加工和精加工的切削过程，可在【刀路】管理器面板中选中【刀具群组-1】节点，此时该节点下所有的工序操作会自动选中，再单击【实体仿真】按钮，即可播放完整的毛坯件切削动画。

3. 模拟（机床实体模拟）

模拟（也叫机床实体模拟）比实体模拟的空间感更强，模拟效果更为真实，可以模拟在数控机床上毛坯件被切削的整个过程。机床中的工作台、装夹治具、毛坯件等都是实时动态的。同刀路模拟和实体模拟一样，模拟（机床实体模拟）可以模拟单个工序操作，也可模拟所有工序操作。

在【刀具群组-1】节点下选中要模拟的某一个工序操作后，在【模拟】面板中单击【模拟】按钮，打开【Mastercam 模拟器】窗口，如图 8-12 所示。该窗口与前面进行实体模拟时的【Mastercam 模拟器】窗口是完全相同的，只是模拟（机床实体模拟）的【Mastercam 模拟器】窗口中的【机床】和【机床外壳】选项变得可用。

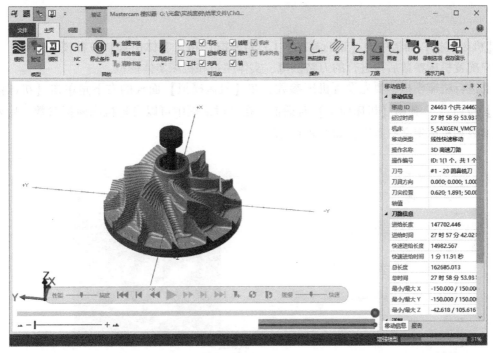

图 8-11　实体模拟结果

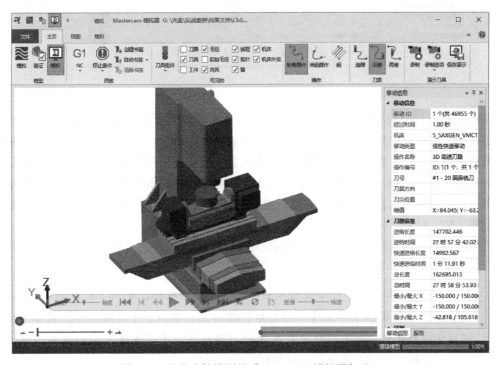

图 8-12　机床实体模拟的【Mastercam 模拟器】窗口

虽然增加了机床组件，但模拟（机床实体模拟）的作用和效果与实体模拟是完全相同的，因此用户选择其中一种进行实体模拟即可达到检验刀路的目的。

8.2.3 机床模拟

【机床模拟】面板中的【运行模拟】【刀路模拟】和【实体仿真】三种模拟工具，是基于用户配置机床参数后再进行的刀路模拟、实体模拟和机床实体模拟。

要进行机床模拟，要先设置机床参数。在【机床模拟】面板的右下角单击【机床模拟选项】按钮，弹出【机床模拟】对话框。在该对话框中可以设置机床模拟参数、后处理设置参数和机床定义参数等，如图 8-13 所示。

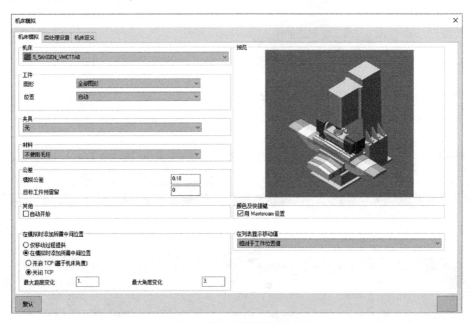

图 8-13 【机床模拟】对话框

虽然【模拟】面板中的【模拟】工具可以模拟出机床在工作状态时切削毛坯工件的三维空间效果，但也仅仅是模拟刀具切削和刀路检验的作用而已，不能保证该程序在实际数控机床顺利地完成工作，因为机床参数是不能定义的，数控程序也没有经过后处理，只是增强了空间效果，所以 Mastercam 的机床模拟是以最为真实的加工环境来模拟毛坯工件的切削过程，用户可以很轻松地通过【机床模拟】对话框来定制合适的机床、经过后处理的加工程序和毛坯工件、材料、夹具等性能参数。

机床模拟参数配置完成后，单击【机床模拟】对话框底部的【模拟】按钮，打开【机床模拟】窗口，如图 8-14 所示。随后单击【运行】按钮，即可进行机床模拟。

> 技术要点　　在【机床模拟】对话框的底部单击【模拟】按钮，等同于配置机床参数后在【机床模拟】面板中单击【运行模拟】按钮。另外，【刀路模拟】是在【机床模拟】窗口中以无机床、无毛坯的形式来模拟刀路轨迹，【实体仿真】则是在【机床模拟】窗口中以无机床的形式来模拟毛坯切削过程。

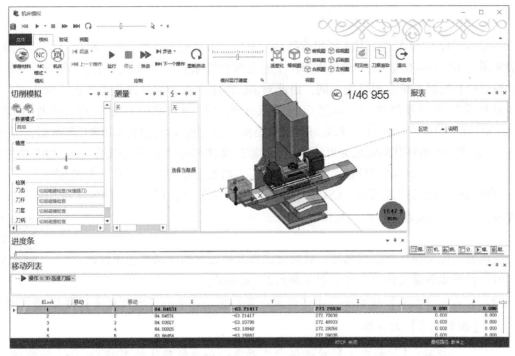

图 8-14 【机床模拟】窗口

在机床模拟过程中，如果发现刀路有过切和碰撞的问题，系统会及时给出提示，用户可以根据提示重新对加工刀路进行编辑，直至顺利完成机床模拟，如图 8-15 所示。

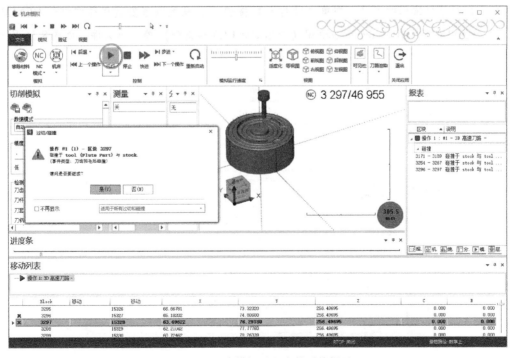

图 8-15 机床模拟过程中的系统提示

8.2.4 NC 代码生成与后处理输出

无论是哪种 CAM 软件, 其主要用途都是生成在机床上加工零件的刀具路径 (简称刀路)。一般来说, 不能直接传输 CAM 软件内部产生的刀轨到机床上进行加工, 因为各种类型的机床在物理结构和控制系统方面可能不同, 由此对 NC 程序中指令和格式的要求也可能不同。因此, 刀具路径必须经过处理, 以适应每种机床及其控制系统的特定要求。这种处理在 Mastercam 软件中叫 "后处理", 后处理的结果是使刀路变成机床能够识别的刀路数据, 即 NC 程序代码。将 NC 程序代码输出为可储存、可读取的文件称为 "NC 程序文件" 或 "NC 文件"。

所以, 后处理操作必须具备两个要素: 加工刀路和后处理器 (简称 "后处理")。

下面以输出能够被通用的 FANUC (法拉科) 数控系统识别的 NC 程序文件为例, 详解在 Mastercam 中后处理操作的全流程。

1. 控制器定义

控制器的定义包括控制器选择、后处理选择及后处理的控制器选项设置。

01 打开本例源文件 "侧刃铣削多轴加工 .mcam"。

02 切换至【机床】选项卡, 在【机床设置】面板中单击【控制定义】按钮█, 弹出【控制定义】对话框。

> **技术要点** 此时,【控制定义】对话框中已存在一个系统默认的 MPFAN.PST 后处理文件, 这个后处理文件也适合 FANUC 数控系统, 但是这个默认后处理所输出的程序代码不能直接用于加工, 而是需要修改才可使用。原因就是 MPFAN.PST 后处理文件输出的程序代码中没有最常用的 G54 指令, 主要是用 G92 指令来指定工件坐标系。

03 在对话框顶部的工具栏中单击【打开】按钮█, 从控制器安装路径中打开 GENERIC FANUC 5X MILL.mcam-control (通用 FANUC5 轴铣削) 控制器文件, 如图 8-16 所示。

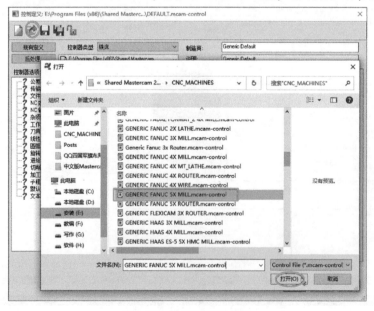

图 8-16 选择控制器文件

04 单击【后处理】按钮，弹出【控制定义自定义后处理编辑列表】对话框。单击【添加文件】按钮，从软件安装路径中打开 Generic Fanuc 5X Mill. pst（通用 FANUC 5 轴铣削）后处理文件，如图 8-17 所示。

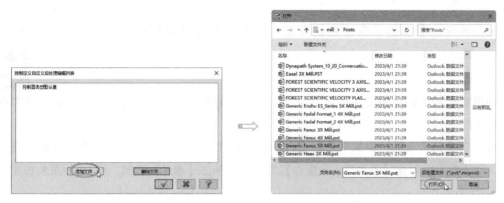

图 8-17　打开 FANUC 后处理文件

> **技术要点**　在软件安装路径中，提供了 3~5 轴数控加工中心的 FANUC 后处理文件，目前 FANUC 控制系统的数控机床应用范围最广的是 3 轴。本例零件采用的 4 轴或 5 轴数控加工中心均可进行加工。但在创建工序操作时默认选用的是 5 轴，所以这里选择 5 轴后处理文件，以便与工序操作保持一致性。

05 选择了 FANUC 后处理文件后，在【控制定义】对话框的【后处理】文件下拉列表框中选择刚才添加的 FANUC 后处理文件，并在【控制器选项】列表中选择【NC 输出】选项进行修改，如图 8-18 所示。

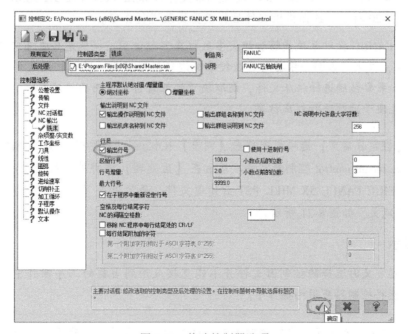

图 8-18　修改控制器选项

> **技术要点**　　　行号是 NC 程序代码文件中每一行代码的编号，如 N100。是否需要行号取决于代码内容的多少，代码多则尽量不要行号，减少文字内容会减少内存占用。本例中勾选【输出行号】复选框并非是一定要行号，只是简要说明如何添加行号而已。

06　其他控制器选项保留默认设置，然后单击【确定】按钮 ✓，完成控制器的定义。

2. 机床定义

根据实际加工环境来定义机床，为后续的机床仿真和 NC 程序文件的输出提供真实有效的数据支持。

01　在【机床设置】面板中单击【机床定义】按钮 🛠，会弹出一个警告对话框，忽略警告提示，勾选【不再弹出此警告】复选框，单击【确定】按钮 ✓，如图 8-19 所示。

图 8-19　警告提示

02　在弹出的【机床定义管理】对话框顶部的工具栏中单击【浏览】按钮 ↪，从机床文件库中选择一个品牌的 5 轴数控机床文件 Generic PocketNC 5X Mill.mcam-control，如图 8-20 所示。选择机床文件后将模型更改进行保存。

> **技术要点**　　　FANUC 数控系统能够和绝大多数机床匹配使用，也就是只要选定了某种数控系统，机床厂家都会根据所选数控系统进行机床匹配，所以机床文件的选择就比较随意了，如果要精确选择机床文件，则取决于编程者自家使用的机床品牌。此外，选择了机床后，也便于后续进行机床仿真。

03　在【控制器定义】选项组中单击【浏览】按钮 📂，重新打开 GENERIC FANUC 5X MILL. mcam-control 控制器文件。然后在【后处理】文件的下拉列表框中重新选择 GENERIC FANUC 5X MILL. PST 后处理文件，最后单击【确定】按钮 ✓，完成机床定义，如图 8-21 所示。

> **提示** ┃┃┃
>
> 在控制器定义时选择的控制器文件并不能直接应用到当前的工序操作中，需要通过机床定义才能将控制器应用到操作中。

04　机床定义后可从【刀路】管理器面板中看到机床属性的更改结果，如图 8-22 所示。

图 8-20　选择机床文件

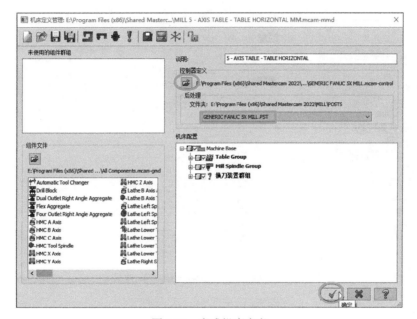

图 8-21　完成机床定义

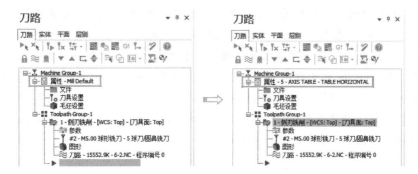

图 8-22　查看机床属性的更改结果

3. NC 程序文件输出

后处理文件输出即是输出 NC 加工程序文件。

01 在【后处理】面板中单击【生成】按钮 **G1**，弹出【后处理程序】对话框。

02 如果此时的计算机与数控加工中心连着网络，可以勾选【传输到机床】复选框，直接传输到加工中心，即时进行零件的铣削加工。如果还要对 NC 程序进行编辑，就取消该复选框的勾选，并勾选【编辑】复选框。

> **技术要点**　【后处理程序】对话框中的"NCI 文件"是指在 Mastercam 中用户创建的工序操作中的刀路原位文件，NCI 文件是 ASCII 码文件，集中了加工所需的刀具信息、工艺信息及其他铣削参数信息等。默认情况下是不需要单独输出 NCI 文件的。

03 设置完成各输出选项后，单击【确定】按钮 ✓ ，生成 NC 程序文件，如图 8-23 所示。

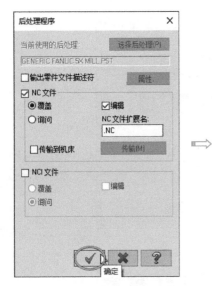

图 8-23　生成 NC 程序文件

> **技术要点**　本例中仅以法拉科数控系统为例进行后处理输出，如果用户使用的数控系统为其他系统（在 Mastercam 后处理文件夹中没有的），比如华中数控系统，那么就需要编程者手动修改与所使用的数控系统接近的后处理文件，以便符合实际需求。这里笔者推荐一款"Mastercam 后处理编写器"小工具，可在网络上搜索并免费下载。图 8-24 为这款工具的操作界面。根据实际的 NC 程序代码来设置相关选项，完成设置后单击【导出后处理程式】按钮，将生成的 pst 后处理文件保存在 E:\Program Files (x86)\Shared Mastercam 2024\mill\Posts 路径中，以随时调用。

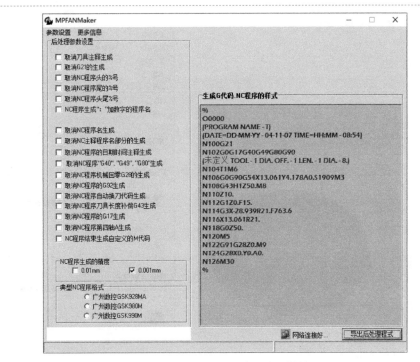

图 8-24 Mastercam 后处理编写器界面

8.2.5 生成加工报表

加工报表就是常说的"加工程序单"。有了加工报表，现场的 CNC 操机人员就可以按照报表中给出的信息进行加工前的准备工作，比如准备机台号、刀具号、工件材料、装夹方式、铣削加工方式等。

> **技术要点** Mastercam 中生成的加工报表是符合 ISO 标准的加工程序单，如果要定制符合国内厂家要求的加工程序单，可使用一些插件来解决此问题，但目前还没有一款符合 Mastercam 2024 软件版本的免费插件。有一款付费的插件叫"MastercamX9-2024 程序单"，可以生成国内厂家常见的 CNC 加工程序单，界面简单且清晰明了。还有一款免费的插件"Mcam2021 程式单"，仅适用于 Mastercam 2021 软件版本，如果需要可安装 Mastercam 2021 软件搭配使用。

切换至【机床】选项卡，在【加工报表】面板中单击【创建】按钮 ，弹出【加工报表】对话框。在该对话框中输入相关的常规信息，在对话框左下角单击【添加图像】按钮 ，弹出【图像捕捉】对话框。单击【捕捉】按钮，将绘图区中的图像自行拍照并保存，如图 8-25 所示。捕捉的图像文件将自动保存在 E:\Program Files(x86)\Shared Mastercam 2024\common\reports\IMG 路径中。如果需要更多的图像捕捉，可先调整好各种视图状态，然后再进行捕捉。

单击【确定】按钮 ，即可创建加工报表，如图 8-26 所示。

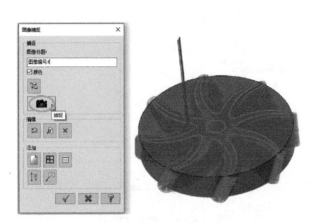

图 8-25　图像捕捉　　　　　　　　　　　　图 8-26　生成加工报表

　　生成的加工报表以文档形式打开，如图 8-27 所示。用户可将该文件保存为 pdf、RDF 等格式，方便打印和阅读。

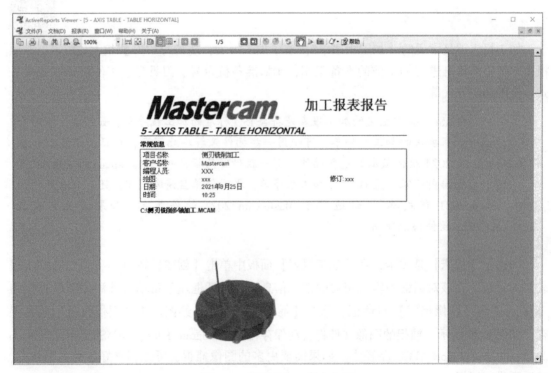

图 8-27　打开的加工报表文档